施工企业安全生产评价标准
实 施 指 南

建设部工程质量安全监督与
行业发展司 组织编写

中国建筑工业出版社

图书在版编目（CIP）数据

施工企业安全生产评价标准实施指南/建设部工程质量安全监督与行业发展司 组织编写. —北京：中国建筑工业出版社，2004

ISBN 7-112-06403-1

Ⅰ.施… Ⅱ.建… Ⅲ.建筑工程-工程施工-安全生产-评价-标准-中国-指南 Ⅳ.TU714-62

中国版本图书馆 CIP 数据核字（2004）第 023131 号

施工企业安全生产评价标准
实　施　指　南

建设部工程质量安全监督与行业发展司 组织编写

*

中国建筑工业出版社出版、发行（北京西郊百万庄）

新　华　书　店　经　销

北京密云红光印刷厂印刷

*

开本：850×1168 毫米　1/32　印张：3¼　字数：85 千字
2004 年 4 月第一版　　2004 年 4 月第一次印刷
印数：1—30000 册　　定价：**10.00** 元

ISBN 7-112-06403-1
F·497（12417）

本社网址：http://www.china-abp.com.cn
网上书店：http://www.china-building.com.cn

本书以建筑安全方面的法律、法规和标准、规范为依据，结合工作实际，对《施工企业安全生产评价标准》JGJ/T 77—2003 的内容、评分标准、评分方法和评价等级等进行详细、深入的阐述，便于读者更好地理解运用《评价标准》，有助于提高安全评价工作的准确性和一致性。本书有较好的指导性、实用性和可操作性。

*　　*　　*

责任编辑：袁孝敏
责任设计：崔兰萍
责任校对：刘玉英

本书编写人员

编委会:

主　任: 王素卿　吴慧娟　孙建平

副主任: 邓　谦　姚天玮　周建新　蔡　健

委　员: 宋耀祖　孙锦强　张国琮　雷丽英

　　　　　潘延平　姜　敏　於崇根　张　强

　　　　　王天祥

编写组:

主　审: 徐　伟

主　编: 潘延平

副主编: 汤学权　陶为农

成　员: (以姓氏笔画为序)

　　　　　叶伯铭　刘　震　张继丰　张嘉洁

　　　　　吴晓宇　余康华　陈晓峰　赵敖齐

　　　　　徐福康

前　　言

《施工企业安全生产评价标准》JGJ/T 77—2003（以下简称《评价标准》），自 2003 年 12 月 1 日起实施。

《评价标准》首次提出了评价施工企业安全生产的量化体系，对指导施工企业改善安全生产条件，提高企业安全生产管理水平具有重要意义。为了更好地贯彻执行《评价标准》，我们组织有关专家进行认真的研究，依据相关法律、法规，标准、规范等，结合实际和工作经验，编写了《施工企业安全生产评价标准实施指南》一书。本书对《评价标准》内容、评分标准、评分方法和评价等级等进行详细的阐述，便于有关人员正确地理解和掌握《评价标准》，以保证和提高评价工作的一致性和准确性，促进施工企业安全生产工作的标准化和规范化。

建设部工程质量安全监督与行业发展司

2004 年 3 月

目　录

一、概　述

《评价标准》包括对施工企业安全生产条件、安全生产业绩的单项评价，以及对施工企业安全生产能力的综合评价。

《评价标准》中的大多数内容是依据《中华人民共和国安全生产法》和《中华人民共和国建筑法》中对施工企业安全生产保障的具体的基本要求编制而成。编制时，还结合了《职业健康安全管理体系规范》GB/T 28001—2001，《建筑施工安全检查标准》JGJ 59—99以及将出台的《施工企业安全生产保证体系》等各项标准要求，力求各项规定要求的一致性。

《评价标准》的编制目的在于，建立施工企业安全生产科学的评价制度，指导施工企业改善安全生产条件，提高安全生产管理水平。

《评价标准》的编制使评价方和被评价方均有统一的标准可依，被评价方参照标准，可找出自身不完善的地方加以完善提高；评价方根据标准进行系统的客观的评价。这样，一方面帮助施工企业转变安全管理理念，加强安全管理规范化、制度化建设，完善安全生产条件，实现施工过程安全生产的主动控制，促进施工企业安全生产管理的基本水平的提高；另一方面通过建立安全生产评价的完整体系，转变安全监督管理模式，提高监督管理实效，促进安全生产评价的标准化、规范化和制度化。

《评价标准》可用于企业自我评价、企业上级主管对企业进行评价、政府建设行政主管部门及其委托单位对企业进行评价等，随着市场经济的发展，其他相关方（如建设方）根据需要也可依《评价标准》对企业进行评价。目前，主要用于企业自我评价。

国务院令第 397 号《安全生产许可证条例》中规定，依法进行安全评价是企业取得安全生产许可证应当具备的条件之一。

评价方式可依据平时各相关方的检查记录，也可在评价时抽查若干个工程项目，通过抽查工程项目的情况，以点带面，反映企业真实的安全管理情况，以便客观评价。

二、评价内容、评分方法
和评价等级

1. 评价内容

施工企业安全生产评价的内容包括：安全生产条件单项评价、安全生产业绩单项评价以及由以上两个单项评价组合而成的安全生产能力综合评价。施工企业安全生产条件单项评价的内容又分为安全生产管理制度，资质、机构与人员管理，安全技术管理和设备与设施管理 4 个分项，每个分项评价又分为若干个评分项目。施工企业安全生产业绩单项评价的内容直接分为生产安全事故控制、安全生产奖罚、项目施工安全检查和安全生产管理体系推行 4 个评分项目，不再另设分项评价。

评价内容的体系如图 1 所示。

2. 评分方法

（1）每张评分表的评分满分分值均为 100 分，评分的实得分为相应评分表中各评分项目实得分之和。

（2）每张评分表中的各评分项目的实得分不采用负值，即扣减分数总和不得超过该评分项目应得分分值，最少实得分为 0分，最大实得分为该评分项目的应得分分值。

确定评分项目各条款起步扣分值的依据是：若不相符，可能造成后果的严重程度。

（3）施工企业安全生产条件单项评价的四张分项评分表中，如果评分项目有缺项的，其分项评分的实得分按下式换算：

遇有缺项的分项评分的实得分 =（可评分项目的实得分之和÷可评分项目的应得分值之和）× 100

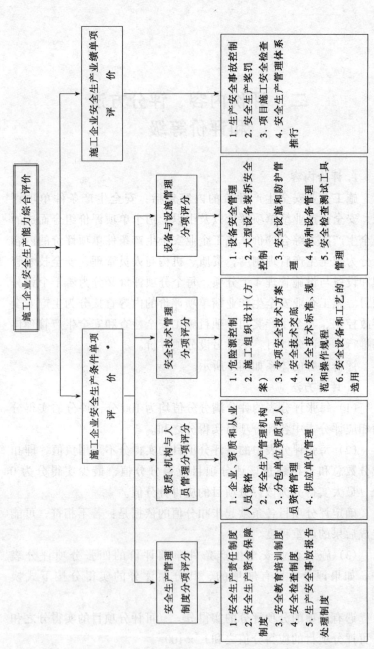

图 1 施工企业安全生产能力综合评价内容和体系

例如：某劳务分包企业，使用表 A.0.4 进行设备与设施管理分项评分，其中评分项目 1 "设备安全管理"，评分项目 2 "大型设备装拆安全控制，评分项目 4 "特种设备管理"，评分项目 5 "安全检查测试工具管理" 等均为缺项，仅可对评分项目 3 "安全设施和防护管理"（应得分为 20 分）进行评分，评分得分为 15 分，则该劳务分包企业设备与设施管理分项评分的实得分为：

$$（15 \div 20）\times 100 = 75 分$$

（4）施工企业安全生产条件单项评分实得分为其 4 个分项实得分的加权平均值。安全生产管理制度，资质、机构与人员管理，安全技术管理和设备与设施管理 4 个分项的权数分别为 0.3、0.2、0.3、0.2。

例如：某企业安全生产管理制度，资质、机构与人员管理，安全技术管理和设备与设施管理的分项实得分分别为 76 分，85 分，80 分，90 分，则其施工企业安全生产条件单项评分实得分应为：

$$76 \times 0.3 + 85 \times 0.2 + 80 \times 0.3 + 90 \times 0.2 = 81.8 分$$

（5）对安全生产业绩单项进行评分时，当评分项目涉及到重复奖励（处罚）时，其加（扣）分数应以该评分项目可加（扣）分数的最高分计算，不得重复加分（扣分）。

例如：对 "安全生产奖罚" 评分项目中有关 "文明工地，国家级每项加 15 分，省级加 8 分，地市级加 5 分，县级加 2 分" 条款进行评分，某企业的一个工程，在获得了市级文明工地称号的基础上，被市推荐参加省级文明工地评选，又获得了省级文明工地的称号，市级文明工地、省级文明工地称号均在同一个评价年度内获得，则该企业此条款正确的评分得分应为按省级文明工地的标准进行加分，即加 8 分。如果仅按市级文明工地进行评分加分，加 5 分；或者，既按省级文明工地评分加分，加 8 分，又按市级文明工地评分加分，加 5 分，共计加 13 分，均属不正确评分。

3. 评价等级

(1) 施工企业安全生产条件单项评价、安全生产业绩的单项评价和安全生产能力综合评价的结果均分为合格、基本合格、不合格三个等级。

(2) 施工企业安全生产条件单项评价按表 5.0.2 划分等级。

表 5.0.2 施工企业安全生产条件单项评价等级划分

评价等级	评价项		
	分项评分表中的实得分为零的评分项目数（个）	各分项评分实得分	单项评分实得分
合　格	0	≥70	≥75
基本合格	0	≥65	≥70
不合格	出现不满足基本合格条件的任意一项时		

合格和基本合格标准既限定加权平均汇总后单项评分实得分的最低分值，又限定各分项评分表的实得分的最低分值，目的是限制各评分分项之间的得分差距，以确保各评分分项均能保持一定水准。

例如：某一总承包施工企业，其安全生产管理制度，资质、机构与人员管理，安全技术管理和设备与设施管理的分项实得分分别为 90 分、82 分、92 分、66 分，该施工企业安全生产条件单项评分实得分为 $90 \times 0.3 + 82 \times 0.2 + 92 \times 0.3 + 66 \times 0.2 = 84.2$ 分，超过了评价等级为"合格"的分值，但"设备与设施管理"分项实得分 66 分的分值表明，该企业对设备与设施管理极不重视，管理水平达不到基本要求，即企业的安全生产条件还存在较严重缺陷，不能确保企业安全生产，因此该施工企业安全生产条件单项评价等级不能核定为"合格"，只能核定为"基本合格"。

(3) 施工企业安全生产业绩单项评价按表 5.0.3 划分等级。

表 5.0.3   施工企业安全生产业绩单项评价等级划分

评价等级	评价项	
	单项评分表中的实得分为零的评分项目数（个）	评分实得分
合 格	0	≥75
基本合格	≤1	≥70
不合格	出现不满足基本合格条件的任意一项或安全事故累计死亡人数 3 人及以上或安全事故造成直接经济损失累计 30 万元以上	

其中，基本合格的标准允许单项评分表中有一项实得分数为零的评分项目，主要是针对"生产安全事故控制"这一评分项目，考虑一些年产值数亿元以上的施工企业，工程规模大，施工难度高，即使管理水平高，也难免有意外和偶然，因此，从科学评价的角度出发，制定此条标准，但前提条件是：如果因安全事故造成死亡人数累计超过 3 人，或造成直接经济损失累计 30 万元以上，则评价等级为不合格。

施工企业安全生产业绩的各评分项目中加减分数可互相抵扣，但实得分的最高分不得超过该评分项目的应得分，最低分为 0 分。

（4）施工企业安全生产能力综合评价按表 5.0.4 划分等级。

表 5.0.4   施工企业安全生产能力综合评价等级划分

评价等级	评价项	
	施工企业安全生产条件单项评价等级	施工企业安全生产业绩单项评价等级
合 格	合 格	合 格
基本合格	单项评价等级均为基本合格或一个合格、一个基本合格	
不合格	单项评价等级有不合格	

该表明确了施工企业安全生产能力评价的原则。考虑到施工

企业安全生产条件评价相对是静态的，安全生产业绩评价是动态的，两者相对独立，安全生产条件是安全生产业绩的基础，安全生产业绩是安全生产条件的具体表现，故在对施工企业安全生产能力进行综合评价时，不考虑采用加权平均数进行量化评价的方式，而是在施工企业安全生产条件单项评价和安全生产业绩单项评价的基础上，进行逻辑判断，确定评价等级。

三、安全生产管理制度分项评分

安全生产管理制度分项评分见表 A.0.1。

表 A.0.1　安全生产管理制度分项评分

序号	评分项目	评 分 标 准	评分方法	应得分	扣减分	实得分
1	安全生产责任制度	·未按规定建立安全生产责任制度或制度不齐全，扣 10~25 分 ·责任制度中未制定安全管理目标或目标不齐全，扣 5~10 分 ·承发包合同中无安全生产管理职责和指标，扣 5~10 分 ·有关层次、部门、岗位人员以及总分包安全生产责任制未得到确认或未落实，扣 5~10 分 ·未制定安全生产奖惩考核制度或制度不齐全，扣 5~10 分 ·未按安全生产奖惩考核制度落实奖罚，扣 3~5 分	查管理制度目录、内容，并抽查企业及施工现场相关记录	25		
2	安全生产资金保障制度	·未按规定建立制度或制度不齐全，扣 10~20 分 ·未落实安全劳防用品资金，扣 5~10 分 ·未落实安全教育培训专项资金，扣 5~10 分 ·未落实保障安全生产的技术措施资金，扣 5~10 分		20		

序号	评分项目	评 分 标 准	评分方法	应得分	扣减分	实得分
3	安全教育培训制度	·未按规定建立制度，扣20分 ·制度未明确项目经理、安全专职人员、特殊工种、待岗、转岗、换岗职工、新进单位从业人员安全教育培训要求，扣5~15分 ·企业无安全教育培训计划，扣10分 ·未按计划实施教育培训活动或实施记录不齐全，扣5~10分	查管理制度目录、内容，并抽查企业及施工现场相关记录	20		
4	安全检查制度	·未按规定制定包括企业和各层次安全检查制度，扣20分 ·制度未明确企业、项目定期及日常、专项、季节性安全检查的时间和实施要求，扣3~5分 ·制度未规定对隐患整改、处置和复查要求，扣3~5分 ·无检查和隐患处置、复查的记录或隐患整改未如期完成，扣5~10分		20		
5	生产安全事故报告处理制度	·未按规定制定事故报告处理制度或制度不齐全，扣5~10分 ·未按规定实施事故的报告和处理，未落实"四不放过"，扣10~15分 ·未建立事故档案，扣5分 ·未按规定办理意外伤害保险，扣10分；意外伤害保险办理率不满100%，扣1~10分 ·未制定事故应急预案，未建立应急救援小组或指定专门应急救援人员，扣5~10分		15		
分 项 评 分				100		

评分员   年   月   日

注：表中涉及到的大型设备装拆的资质、人员与技术管理，应按表 A.0.4 中"大型设备装拆安全控制"规定的评分标准执行。

（一）安全生产责任制度

1．安全生产责任制度的建立

（1）管理要求

安全生产责任制度是施工企业各项安全管理制度中最基本的一项制度。安全生产责任制度作为保障安全生产的重要组织手段，通过明确规定各级领导、各职能部门和各类人员在施工生产活动中应负的安全职责，把"管生产必须管安全"的原则从制度上固定下来，把安全与生产从组织上统一起来，从而强化企业各级安全生产责任，增强所有管理人员的安全生产责任意识，使安全管理纵向到底、横向到边、专管成线、群管成网，做到责任明确、协调配合，共同努力去实现安全生产。

安全生产责任制度应对施工企业安全生产的职责管理要求、职责权限和工作程序，安全管理目标的分解落实、监督检查、考核奖罚作出具体规定，形成文件并组织实施，确保每个职工在自己的岗位上，认真履行各自安全职责，实现全员安全生产。

安全生产责任制度必须覆盖以下人员、部门和单位：

——企业主要负责人（即：在日常生产经营活动中具有决策权的领导人，如：企业法定代表人，企业最高行政管理人员等）；

——企业技术负责人（总工程师）；

——企业分支机构主要负责人；

——项目经理与项目管理人员；

——作业班组长；

——企业各层次安全生产管理机构与专职安全生产管理人员；

——企业各层次承担生产、技术、机械、材料、劳务、经营、财务、审计、教育、劳资、卫生、后勤等职能部门与管理人员；

——分包单位的现场负责人、管理人员和作业班组长。

企业各层次承担下列职能的部门或管理人员的主要安全职责：

生产：在保证安全的前提下，合理组织指挥安全生产；

安全：对安全生产各项规定的落实情况进行监督检查；

技术：从工艺、技术上确保符合安全生产和劳动条件；

机械：确保企业设备、电气等方面的专业性安全管理；

材料：安全设施所需各类物资的采购、保管的质量管理；

劳务：对分包队伍的安全管理；

经营：负责分包方、分供方资质资格管理和合同审核管理；

财务、审计：安全生产保障资金的管理；

教育：职工的安全生产技能教育和安全知识培训；

劳资：安全管理人员的资格管理；

保卫、卫生、后勤：消防、行政、生活设施的安全卫生管理；

工会：保障从业人员自我保护的权利。

（2）具体评分建议

·未按规定建立安全生产责任制度，扣25分。

·安全生产责任制度覆盖的部门、人员等不齐全、要求不明确，一项扣10分，二项扣15分，三项及以上扣20分。

2. 安全管理目标

（1）管理要求

安全管理目标是施工企业各级部门及岗位目标管理的重要组成部分，要求根据职责分工，对应各自应实现的安全管理目标，作出界定，并有文字说明。安全管理目标值必须是可测量的，应包括以下内容和指标：

——生产安全事故控制目标，如杜绝死亡重伤事故，一般事故频率控制指标；

——安全生产标准化管理达标目标，根据各个工程特点，制定具体目标；

——文明施工实现目标，根据作业条件的要求，制定工程的具体目标；

——安全管理工作目标，如持证上岗率、设备完好率、检查合格率等指标。

——安全创优目标。确定不同工程创优的级别。

（2）具体评分建议

·责任制度中无安全管理目标，扣10分。

·安全管理目标内容不齐全、不具体，一项扣5分，二项及以上扣8分。

3. 承发包合同安全生产管理职责和指标

（1）管理要求

安全生产管理职责和目标指标均应层层分解和落实，包括工程分包方，企业内部各级经营承包合同及工程分包合同中应充分体现该内容，明确相应的责任和义务，并对管理职责和目标指标落实情况进行监督检查、考核奖罚的相关条款作出规定。

（2）具体评分建议

·无安全生产管理职责和指标，扣10分。

·安全生产管理职责和指标内容不具体，要求不明确，一项扣5分，二项及以上扣8分。

4. 有关层次、部门、岗位及总分包安全生产责任制的确认和落实

（1）管理要求

各层次、部门、岗位人员以及总分包双方的安全生产管理职责和指标应事先经过责任人的确认。企业应制定具体程序，对安全生产责任的落实及安全目标指标的实现情况，按规定有计划地组织经常性、定期和专项的监督、检查、整改活动，做好检查记录，并作为考核依据。

（2）具体评分建议

·安全生产责任未有确认记录或未见落实情况的检查记录，扣10分。

·安全生产责任部分未有确认记录或未见落实情况的检查记

录，一项扣5分，二项及以上扣8分。

5.安全生产奖惩考核制度的制定及落实

（1）管理要求

施工企业安全生产责任制度应按责、权、利相统一的原则，把安全生产纳入经济责任制考核内容，通过专篇或专项条款把安全管理职责、管理指标和措施要求、考核和奖罚规定内容具体量化，认真组织检查。定期进行考核奖罚，并保存考核兑现的资料。

（2）具体评分建议

·无安全生产奖惩考核制度，扣10分。

·安全生产奖惩考核制度内容不齐全、不具体，一项扣5分，二项及以上扣8分。

·无安全生产奖惩考核制度奖罚情况记录，扣5分。

·安全生产奖惩考核不到位，一项扣3分，二项及以上扣4分。

（二）安全生产资金保障制度

1.安全生产资金保障制度的建立

（1）管理要求

安全生产资金保障制度是施工企业财务管理制度的一个重要组成部分，是有计划、有步骤地改善劳动条件、防止工伤事故、消除职业病和职业中毒等危害，保障从业人员生命安全和身体健康，确保正常安全生产措施的需要，是促进施工生产发展的一项重要措施。

安全生产资金保障制度应对安全生产资金的计划编制、支付使用、监督管理和验收报告的管理要求、职责权限和工作程序作出具体规定，形成文件并组织实施。

安全生产资金计划应包括安全技术措施计划和劳动保护经费计划，与企业年度各级生产财务计划同步编制，由企业各级相关负责人组织，并纳入企业财务计划管理，必要时及时修订调整。

安全生产资金计划编制的依据和内容：

——适用的安全生产、劳动保护法律法规和标准规范；

——针对可能造成安全事故的主要原因和尚未解决的问题需采取的安全技术、劳动卫生、辅助房屋及设施的改进措施和预防措施要求；

——个人防护用品等劳动保护开支需要；

——安全宣传教育培训开支需要；

——安全先进奖励开支需要；

安全生产资金计划内容应明确资金使用审批权限、项目资金限额、实施单位及责任者、完成期限等内容。

（2）具体评分建议

·未建立安全生产资金保障制度，扣20分。

·安全生产资金保障制度不齐全，一项扣10分，二项及以上扣15分。

2. 安全劳保用品资金、安全教育培训专项资金、安全生产技术措施资金的落实

（1）管理要求

支付使用：应由各级、各部门相关负责人在其管辖范围内按计划予以落实，即做到专款专用，按时支付，不能擅自更改，不得挪作他用，并建立分类使用台账，同时根据企业规定，统计上报相关资料和报表。

监督管理和验收报告：企业各级相关负责人应将资金计划列入议事日程，经常关心计划的执行情况和效果。企业各级财务、审计、安全部门和工会组织，应对资金计划的实施情况进行监督审查，并及时向各级负责人和工会报告。

（2）具体评分建议

·未根据企业安全生产资金计划落实安全劳保用品资金，扣10分。

·安全劳保用品资金部分不落实，缺一项扣5分，缺二项及以上扣 8 分。

·未根据企业安全生产资金计划落实安全教育培训专项资金，扣 10 分。

·安全教育培训专项资金部分不落实，缺一项扣 5 分，缺二项及以上扣 8 分。

·未根据企业安全生产资金计划落实安全生产技术措施资金，扣 10 分。

·安全生产技术措施资金部分不落实，缺一项扣 5 分，缺二项及以上扣 8 分。

（三）安全教育培训制度

1. 安全教育培训制度的建立

（1）管理要求

安全教育培训是提高从业人员安全素质的基础性工作，是安全管理的重要环节。施工企业从业人员必须定期接受安全培训教育，坚持先培训、后上岗的制度，通过安全教育培训提高企业各层次从业人员搞好安全生产的责任感和自觉性，增强安全意识；掌握安全生产科学知识，不断提高安全管理业务水平和安全操作技术水平，增强安全防护能力，减少伤亡事故的发生。实行总分包的工程项目，总包单位要负责统一管理分包单位从业人员的安全教育培训工作，分包单位要服从总包单位的统一领导。

（2）具体评分建议

·未建立安全教育培训制度，扣 20 分。

·安全教育培训制度缺漏，漏一项扣 5 分，漏二项及以上扣 15 分。

2. 安全教育培训要求

（1）管理要求

安全教育培训制度应明确各层次各类从业人员教育培训的类型、对象、时间和内容，对安全教育培训的计划编制、实施和记录、证书的管理要求、职责权限和工作程序作出具体规定,形成文件并组织实施。

安全教育培训的类型和对象应包括:

——企业各层次主要负责人的年度安全培训;

——项目经理和项目管理人员年度安全培训;

——专职安全生产管理人员岗位合格证书、复审和年度安全培训;

——企业各层次管理人员和技术人员的年度安全培训;

——电工、焊工、垂直运输机械作业人员、登高架设作业人员、爆破作业人员等特殊工程作业人员操作证培训、复审和年度安全培训;

——待岗复工、转岗、换岗从业人员上岗前培训;

——新工人进场三级安全培训教育;

——经常性安全教育。

安全教育培训的内容应根据不同类型和对象,按照政府主管部门有关规定和实际需要分别作出明确规定,一般包括:

——安全生产意识,如安全生产方针、法律法规、劳动纪律、遵纪守法等;

——安全基础知识,如企业施工生产概况,企业安全规章制度,施工流程、工艺,施工危险区域及安全防护基本知识、注意事项,机械设备、场内运输有关安全知识,电气设备、动力照明基本安全知识,高处作业安全知识,施工过程中使用有毒有害材料及接触有毒有害物质安全防护基本知识,消防及灭火器材应用基本知识,个人防护用品的正确使用知识等;

——工种与岗位安全技能,如安全技术,劳动卫生,安全操作规程等。

(2)具体评分建议

·安全教育培训制度对企业各层次主要负责人、项目经理和项目管理人员、安全专职人员、企业各级管理人员和技术人员、特殊工种作业人员、待岗复工、转岗、换岗和新进单位从业人员安全教育培训的要求，三项以下每有一项不明确扣 5 分，三项及以上不明确扣 15 分。

3．安全教育培训计划的编制与实施

（1）管理要求

应根据相关文件规定，如：建设部《建筑业企业职工安全培训教育暂行规定》建教〔1997〕83 号，编制企业年度培训计划。

施工企业从业人员每年应接受一次专门的安全培训，其中企业法定代表人、生产经营负责人、项目经理不少于 30 学时，专职安全管理人员不少于 40 学时，其他管理人员和技术人员不少于 20 学时，特殊工种作业人员不少于 20 学时；其他从业人员不少于 15 学时，待岗复工、转岗、换岗人员重新上岗前不少于 20 学时，新进场工人三级安全教育培训（公司、项目、班组）分别不少于 15 学时、15 学时、20 学时。

企业教育部门应按计划和规定组织开展各类教育培训活动，定期检查考核实施情况和实际效果，保存教育培训实施记录、证书、检查考核记录。

（2）具体评分建议

·未编制安全教育培训计划，扣 10 分。

·安全教育培训计划有缺漏，扣 5 分。

·安全教育培训计划未有实施记录，扣 10 分。

·安全教育培训计划实施不到位或记录不齐全，少一项扣 5 分，二项及以上扣 8 分。

（四）安全检查制度

1．安全检查制度的制定

（1）管理要求

安全检查是发现并消除施工过程中存在的不安全因素，宣传落实安全法律法规与规章制度，纠正违章指挥和违章作业，提高各级负责人与从业人员安全生产自觉性与责任感，掌握安全生产状态和寻求改进需求的重要手段，企业必须建立完善的安全检查制度。

安全检查制度应对检查形式、方法、时间、内容、组织的管理要求、职责权限，以及对检查中发现的隐患整改、处置和复查的工作程序及要求作出具体规定，形成文件并组织实施。

（2）具体评分建议

·未按规定制定企业和各管理层次的安全检查制度，扣 20分。

2．检查制度的具体规定

（1）管理要求

1）安全检查的形式包括：

各管理层次的自查、上级管理层对下级管理层的抽查。

2）检查的类型应包括：

——日常安全检查，如班组的班前、班后岗位安全检查，各级安全员及安全值日人员巡回安全检查，各级管理人员在检查生产的同时检查安全；

——定期安全检查，如企业每季组织一次以上安全检查，企业的分支机构每月组织一次以上安全检查，项目经理部每周组织一次以上安全检查；

——专业性安全检查，如施工机械、临时用电、脚手架、安全防护设施、消防等专业安全问题检查，安全教育培训、安全技术措施等施工中存在的普遍性安全问题检查；

——季节性及节假日后安全检查，如针对冬季、高温期间、雨季、台风季节等气候特点的安全检查，元旦、春节、劳动节、国庆节等节假日前后的安全检查。

3）安全检查应：

——根据施工生产的特点，法律法规、标准规范和企业规章制度的要求，以及安全检查的目的确定；

——包括安全意识、安全制度、机械设备、安全设施、安全教育培训、操作行为、劳防用品的使用、安全事故处理等项目。

——根据安全检查的形式和内容，明确检查的牵头和参与部门及专业人员，并进行分工；

——根据安全检查的内容，确定具体的检查项目及标准和检查评分方法，同时可编制相应的安全检查评分表；

——按检查评分表的规定逐项对照评分，并作好具体的记录，特别是不安全的因素和扣分原因。

（2）具体评分建议

·安全检查制度对各管理层次日常、定期、专项和季节性安全检查的时间和实施要求规定有一项不明确扣 3 分，二项及以上不明确扣 5 分。

·安全检查制度对检查中发现隐患的整改、处置和复查要求规定有一项不明确扣 3 分，二项及以上不明确扣 5 分。

3. 安全检查记录和事故隐患的整改、处置和复查

（1）管理要求

1）对检查中发现的违章指挥、违章作业行为，应立即制止，并报告有关人员予以纠正；

2）对检查中发现的生产安全事故隐患，应签发隐患整改通知单，并规定整改的要求和期限，必要时应责令停工，立即整改；

3）对生产安全事故隐患进行登记，对纠正和整改措施实施情况和有效性进行跟踪复查，复查合格后销案，并作好记录。

（2）具体评分建议

·无安全检查和隐患处置、复查记录，或隐患整改未如期完成，一项扣 5 分，二项及以上扣 10 分。

（五）生产安全事故报告处理制度

1. 生产安全事故报告制度的制定

（1）管理要求

生产安全事故报告处理是安全管理的一项重要内容，其目的是防止事故扩大，减少与之有关的伤害和损失，吸取教训，防止同类事故的再次发生。

生产安全事故报告处理制度应对意外伤害保险的办理，生产安全事故的报告、应急救援和处理的管理要求、职责权限和工作程序作出具体规定，形成文件并组织实施。

应明确施工过程中发生的生产安全事故按伤亡人数或经济损失程度具体分类分级标准，各类各级生产安全事故的报告内容、部门和时间等要求，其中重大事故的等级划分和报告程序必须符合有关法律法规的规定，（详见《工程重大事故报告和调查程序规定》建设部令第 3 号，《特别重大事故调查程序暂行规定》国务院令第 34 号，《企业职工伤亡事故报告和处理规定》国务院令第 75 号）。

（2）具体评分建议

·未制定生产安全事故报告制度，扣 10 分。

·生产安全事故报告制度内容不具体、不齐全，一项扣 5 分，二项及以上扣 8 分。

2．生产安全事故报告和处理

（1）管理要求

应按事故原因不查清楚不放过、事故责任者和职工未受到教育不放过、事故责任者未受到处理不放过和没有采取防范措施、事故隐患不整改不放过的"四不放过"原则，对生产安全事故进行调查和处置。

（2）具体评分建议

·发生生产安全事故后未按规定报告，有一起扣 10 分，二起及以上扣 15 分。

·生产安全事故未按"四不放过"要求进行处理，有一起扣 10 分，二起及以上扣 15 分。

3．生产安全事故档案

（1）管理要求

应建立生产安全事故档案，按时如实填报职工伤亡事故月报表，保存事故调查处理文件、图片、照片、资料等有关档案，作为技术分析和改进的依据。

（2）具体评分建议

·未建立生产安全事故档案，扣5分。

4．意外伤害保险

（1）管理要求

意外伤害保险目前属强制性保险，企业须依法为符合行业标准的从事危险作业的现场施工人员办理意外伤害保险，支付保险费。

实行工程总承包的意外伤害保险费，应由总承包单位支付。企业应根据工程承包性质，作相应规定。

（2）具体评分建议

·未办理意外伤害保险，扣10分。

·按从事危险作业的现场施工人员的人数计，意外伤害保险办理率小于100%，每少1个百分点扣1分，10个百分点及以上扣10分。

5．生产安全事故应急救援预案

（1）管理要求

应对可能发生的生产安全事故编制应急救援预案，以便发生事故后能根据预案及时进行救援和处理，防止事故进一步扩大和蔓延。

生产安全事故应急救援预案应确定应急救援的组织和人员安排、应急救援器材与设备的配备、事故发生的现场保护和抢救及疏散方案、内外联系方法和渠道、演练及修订方法。

企业和工程项目均应编制事故应急救援预案。企业应根据承包工程的类型，共性特征，规定企业内部具有通用性和指导性的事故应急救援的各项基本要求；工程项目应按企业内部事故应急救援的要求，编制符合工程项目个性特点的、具体的、细化的事故应急救援预案，指导施工现场的具体操作。

工程项目的事故应急救援预案应上报企业审批。

（2）具体评分建议

·未制定生产安全事故应急救援预案，扣 10 分。

·生产安全事故应急救援预案内容有一项不完整扣 5 分，二项及以上扣 8 分。

·应急救援小组未建立或应急救援人员未指定，少一项扣 5分，二项及以上扣 8 分。

四、资质、机构与人员
管理分项评分

资质、机构与人员管理分项评分见表 A.0.2。

表 A.0.2　资质、机构与人员管理分项评分

序号	评分项目	评 分 标 准	评分方法	应得分	扣减分	实得分
1	企业资质和从业人员资格	·企业资质与承发包生产经营行为不相符，扣 30 分 ·总分包单位主要负责人、项目经理和安全生产管理人员未经过安全考核合格，不具备相应的安全生产知识和管理能力，扣 10 ~ 15 分 ·其他管理人员、特殊工种人员等其他从业人员未经过安全培训，不具备相应的安全生产知识和管理能力，扣 5 ~ 10 分	查企业资质证书与经营手册，抽查上岗证及教育培训记录，抽查施工现场	30		
2	安全生产管理机构	·企业未按规定设置安全生产管理机构或配备专职安全生产管理人员，扣 10 ~ 25 分 ·无相应安全管理体系，扣 10 分 ·各级未配备足够的专、兼职安全生产管理人员，扣 5 ~ 10 分	查企业安全管理组织网络图、安全管理人员名册清单等	25		

24

续表 A.0.2

序号	评分项目	评 分 标 准	评分方法	应得分	扣减分	实得分
3	分包单位资质和人员资格管理	·未制定对分包单位资质资格管理及施工现场控制的要求和规定，扣15分 ·缺乏对分包单位资质和人员资格管理及施工现场控制的证实材料，扣10分 ·分包单位承接的项目不符合相应的安全资质管理要求，扣15分 ·50人以上规模的分包单位未配备专、兼职安全生产管理人员，扣3~5分	查企业对分包单位管理记录，合格分包方名录，抽查施工现场管理资料	25		
4	供应单位管理	·未制定对安全设施所需材料、设备及防护用品的供应单位的控制要求和规定，扣20分 ·无安全设施所需材料、设备及防护用品供应单位的生产许可证或行业有关部门规定的证书，每起扣5分 ·安全设施所需材料、设备及防护用品供应单位所持生产许可证或行业有关部门规定的证书与其经营行为不相符，每起扣5分	查企业对分供单位管理记录，合格分供方名录，抽查施工现场管理资料	20		
分 项 评 分				100		

评分员 年 月 日

注：表中涉及到的大型设备装拆的资质、人员与技术管理，应按表 A.0.4"大型设备装拆安全控制"规定的评分标准执行。

（一）企业资质和从业人员资格

1. 企业资质

（1）管理要求

施工企业应经政府建设行政主管部门进行资质等级核定，取得相应的资质等级证书后，方可从事在其资质等级许可范围内的施工活动。

1）施工企业资质划分为施工总承包、专业施工承包和劳务分包三大序列。

2）每个序列的施工企业按其承包施工的工程性质、技术特点划分为若干类，每类施工企业又设若干个等级。其中施工总承包企业资质分 12 类，各设特级、一级、二级、三级 4 个等级；专业施工承包企业资质分 61 类，各设 2 至 3 个等级；劳务分包企业资质分 13 类，各设 1 至 2 个等级。

3）各序列各级别的施工企业必须在规定的施工范围内承包工程，不能超越承包范围，不能涂改转让出借企业资质证书，也不能将承揽的工程转包或违法分包。

4）政府建设行政主管部门对施工企业资质实行动态管理和年检制度。年检不合格或连续两年基本合格，需重新核定资质等级，降低资质等级或取消资质。

（2）具体评分建议

·企业超越相应资质许可的范围承包工程，扣 30 分。

·企业涂改转让出借资质证书或借用资质证书承包工程，扣 30 分。

·企业将承包的工程转包或违法分包，扣 30 分。

2. 从业人员资格

（1）管理要求

根据《建设工程安全生产管理条例》国务院第 393 号令，《关于建设行业生产操作人员实行职业资格证书制度有关问题的通知》建人教〔2002〕第 73 号，《建筑施工企业项目经理资质管理办法》建设部建建［1995］第 1 号，《特种作业人员安全技术培训考核管理办法》国家经济贸易委员会令第 13 号的规定：

1）施工企业的主要负责人、项目经理、专职安全生产管理人员、施工管理人员、特种作业人员必须经政府建设行政主管部门认可的机构培训考核，并取得本岗位的上岗证或操作证书，具备相应的安全生产知识和技能，在规定的范围内持证上岗；其他从业人员也根据政府主管部门的有关要求，应经过培训并取得本岗位的上岗证或操作证书，具备相应的安全生产知识和技能。

2）项目经理应在核定的专业和等级许可的范围内从事项目管理工作。

3）项目经理、专职安全生产管理人员和特种作业人员应按法律法规规定定期复审，复查不合格不得继续上岗。

（2）具体评分建议

·总分包单位主要负责人、项目经理、专职安全生产管理人员未经安全考核合格，或不具备相应的安全生产知识和安全管理能力，一人扣 10 分，二人及以上扣 15 分。

·其他管理人员、特殊作业人员未经过安全培训，或不具备相应的安全生产知识和安全管理能力，一人扣 5 分，二人及以上扣 10 分。

（二）安全生产管理机构

1. 安全生产管理机构配置规定

（1）管理要求

安全生产管理机构或专兼职安全生产管理人员是协助企业各级负责人执行安全生产方针、政策和法律法规，实现安全管理目标的具体工作部门和人员。施工企业应设立各级安全生产管理机构，配备与其经营规模相适应的，具有相关技术职称的专职安全生产管理人员，在相关部门设兼职安全生产管理人员，在班组设兼职安全员。专兼职安全生产管理人员数量应符合国务院或各级地方人民政府建设行政主管部门的规定。

（2）具体评分建议

·未设置安全生产管理机构或配备专职安全生产管理人员，扣 25 分。

·安全生产管理机构设立或专职安全管理人员配备不到位，一处扣 10 分，二处及以上扣 15 分。

2. 安全管理体系

（1）管理要求

企业应按纵向到底，横向到边的要求建立总分包单位安全生产管理组织网络，建立以企业负责人为首，各层次职能部门共同参与的安全管理体系。

（2）具体评分建议

·未建立安全管理组织体系，或安全管理体系与企业管理体系不相对应，扣 10 分。

3. 专兼职安全生产管理人员配备数量

（1）管理要求

施工企业各管理层次应设安全生产管理机构，配备专职安全生产管理人员。

项目经理部应建立以项目经理为组长的安全生产管理小组，按工程规模设安全生产管理机构或配专职安全生产管理人员，专职安全生产管理人员由施工企业派出。对施工现场来讲，施工面积 1 万 m^2 以下或者相应造价的工程，至少配备一名专职安全生产管理人员，施工面积 1 万 m^2 以上或者相应造价的工程，设 2~3 名专职安全生产管理人员，5 万 m^2 及以上的大型工程，应由总承包单位组织，不同专业、分包单位安全生产管理人员共同参与组成安全管理组。对分包企业来讲，从业人员在 50 人及以上时，每 50 人应配专兼职安全生产管理人员一名。

班组应设兼职安全员，协助班组长搞好班组安全生产管理。

（2）具体评分建议

·专兼职安全管理人员配备不足，少一人扣 5 分，以后每少一人加扣 1 分，直至扣满 10 分。

（三）分包单位资质和人员资格管理

1. 对分包单位资质和人员资格及施工现场的控制规定要求

（1）管理要求

通过分包来完成施工任务是施工企业经营活动的主要方式。为了防止分包单位超越资质范围，同时确保分包单位在施工过程中能服从总包管理，处于受控状态，施工企业应对分包单位资质和人员资格的评价和选择，分包合同条款约定和履约过程控制的管理要求、职责权限和工作程序作出具体规定，形成文件并组织实施。

（2）具体评分建议

·未制定对分包单位资质资格及施工现场控制的要求和规定，扣 15 分。

·对分包单位资质资格及施工现场控制要求和规定不全面、不具体，一项扣 5 分，二项及以上扣 10 分。

2. 对分包单位资质、人员资格及施工现场控制

（1）管理要求

应对分包单位的资质进行评价，建立合格分包单位的名录，明确相应的分包工程范围，从中选择信誉、能力等符合要求，合适的分包单位。评价内容包括：

1）合法的资质、法律法规要求提供的经营许可证明文件；

2）与本企业或其他企业合作的市场信誉和业绩；

3）技术、质量、生产和有关安全生产情况的证明，如：安全资质证明；安全生产许可证；

4）承担特定分包工程的能力。

应通过分包合同或安全生产管理协议明确双方的安全责任、权利和管理要求，具体条款包括：

1）分包单位的安全职责权限和安全指标；

2）分包单位安全管理体系和管理制度的要求；

3）分包单位施工方案的批准要求；

4）分包单位从业人员的资格要求。分包合同签订前应按规定程序进行审核审批。

应对分包单位施工活动实施控制，并形成记录。控制的内容与方法包括：

1）审核批准分包单位的专项施工组织设计（方案）；

2）提供或验证必要的安全物资、工具、设施、设备；

3）确认从业人员的资格和专兼职安全生产管理人员的配备，对分包单位管理人员进行安全教育和安全交底，并督促检查分包单位对班组的安全教育和安全交底；

4）对分包单位的施工过程进行指导、督促、检查和业绩评价，处理发现的问题，并与分包单位及时沟通。

（2）具体评分建议

·对分包单位资质和人员资格管理及施工现场控制的证实材料缺乏或不充分，有一起即扣 10 分。

·分包单位承接的项目不符合相应的安全资质管理要求，有一起即扣 15 分。

3．分包单位专兼职安全生产管理人员配备

（1）管理要求

从业人员在 50 人及以上时，每 50 人应配专兼职安全生产管理人员一名。

（2）具体评分建议

·分包单位未配备专兼职安全生产管理人员，扣 5 分。

·50 人以上规模的分包单位专兼职安全生产管理人员配备不足，扣 3 分。

（四）供应单位管理

1．对安全设施所需材料、设备及防护用品供应单位的控制要求和规定

（1）管理要求

安全生产设施条件的安全状况，很大程度上取决于所使用的材料、设备和防护用品等安全物资质量。为了防止假冒、伪劣或存在质量缺陷的安全物资从不同渠道流入施工现场，造成安全隐患，施工企业应对安全物资供应单位的评价和选择、供货合同条款约定和进场安全物资的验收的管理要求、职责权限和工作程序作出具体规定，形成文件并组织实施。

（2）具体评分建议

·未制定对供应单位的控制要求和规定，扣20分。

2. 安全物资供应单位的管理

（1）管理要求

1）应对供应单位的资格进行评价，建立合格供应单位的名录和合法的供货范围，从中选择合适的供应单位。评价内容包括：

——技术、生产管理和质量保证能力；

——生产制造许可证和法律法规要求提供的经营许可及准用证明文件；

——市场信誉和履约能力。

2）应通过供货合同约定安全物资的产品质量和验收要求。供货合同签订前应按规定程序进行审核审批。具体条款包括：

——规格、型号、等级及品名；

——生产制造规程和标准；

——验收准则和方法。

3）应对进场安全物资进行验收，并形成记录。未经验收或验收不合格的安全物资应作好标识并清退出场。验收的方法包括：

——查验质量合格证明和质量检验报告；

——通过外观检查和规格检查查看实物质量；

——按规定抽样复试。

（2）具体评分建议

·供应单位无安全物资的生产许可证或行业有关部门规定的证书每起扣 5 分。

·供应单位的生产许可证或行业有关部门的证书与其供应的安全物资不相符，每起扣 5 分。

五、安全技术管理分项评分

安全技术管理分项评分见表 A.0.3。

表 A.0.3　安全技术管理分项评分

序号	评分项目	评 分 标 准	评分方法	应得分	扣减分	实得分
1	危险源控制	·未进行危险源识别、评价，未对重大危险源进行控制策划、建档，扣 10 分 ·对重大危险源未制定有针对性的应急预案，扣 10 分	查企业及施工现场相关记录	20		
2	施工组织设计（方案）	·无施工组织设计（方案）编制审批制度，扣 20 分 ·施工组织设计中未根据危险源编制安全技术措施或安全技术措施无针对性，扣 5~15 分 ·施工组织设计（方案，包括修改方案）未经技术负责人组织安全等有关部门审核、审批，扣 5~10 分	查企业技术管理制度，抽查企业备份或施工现场的施工组织设计	20		
3	专项安全技术方案	·专业性强、危险性大的施工项目，未按要求单独编制专项安全技术方案（包括修改方案）或专项安全技术方案（包括修改方案）无针对性，扣 5~15 分 ·专项安全技术方案（包括修改方案）未经有关部门和技术负责人审核、审批，扣 10~15 分 ·方案未按规定进行计算和图示，扣 5~10 分 ·技术负责人未组织方案编制人员对方案（包括修改方案）的实施进行交底、验收和检查，扣 5~10 分 ·未安排专业人员对危险性较大的作业进行安全监控管理，扣 3~5 分	抽查企业备份或施工现场的专项方案	20		

续表 A.0.3

序号	评分项目	评 分 标 准	评分方法	应得分	扣减分	实得分
4	安全技术交底	·未制定各级安全技术交底的相关规定，扣15分 ·未有效落实各级安全技术交底，扣5～15分 ·交底无书面交底记录，交底未履行签字手续，扣3～5分	查企业相关规定企业备份及施工现场交底资料	15		
5	安全技术标准、规范和操作规程	·未配备现行有效的、与企业生产经营内容相关的安全技术标准、规范和操作规程，扣15分 ·安全技术标准、规范和操作规程配备有缺陷，扣5～10分	查企业规范目录清单，抽查企业及施工现场的规范、标准、操作规程	15		
6	安全设备和工艺的选用	·选用国家明令淘汰的设备或工艺，扣10分 ·选用国家推荐的新设备、新工艺、新材料，或有市级以上安全生产技术成果，加5分	抽查施工组织设计和专项方案及其他记录	10		
		分 项 评 分		100		

评分员　　　　　　　　　　　　　　　年　　月　　日

注：表中涉及到的大型设备装拆的资质、人员与技术管理，应按表 A.0.4 "大型设备装拆安全控制"规定的评分标准执行。

（一）危险源控制

1. 危险源的识别和评价

（1）管理要求

可能导致死亡、伤害、职业病、财产损失，工作环境破坏或上述情况的组合所形成的根源或状态为危险源。

各施工企业应根据本企业的施工特点，依据承包工程的类型、特征、规模及自身管理水平等情况，辨识出危险源，列出清单，并对危险源进行一一评价，将其中导致事故发生的可能性较大，且事故发生会造成严重后果的危险源定义为重大危险源，如可能出现高处坠落、物体打击、坍塌、触电、中毒以及其他群体伤害事故的状态。同时施工企业应建立管理档案，其内容包括危险源与不利环境因素识别、评价结果和清单。对重大危险源可能出现伤害的范围、性质和时效性，制定消除和控制的措施，且纳入企业安全管理制度、员工安全教育培训、安全操作规程或安全技术措施中。不同的施工企业应有不同的重大危险源，同一个企业随承包工程性质的改变，或管理水平的变化，也会引起重大危险源的数量和内容的改变，因此企业对重大危险源的识别应及时更新。

（2）具体评分建议

·未进行危险源识别、评价，或未对重大危险源进行控制策划、建档，扣 10 分。

2. 重大危险源的应急预案

（1）管理要求

对可能出现高处坠落、物体打击、坍塌、触电、中毒以及其他群体伤害事故的重大危险源，应制定应急预案。

预案必须包括：有针对性的安全技术措施，监控措施，检测方法，应急人员的组织、应急材料、器具、设备的配备等。预案应有较强的针对性和实用性，力求细致全面，操作简单易行。

企业和工程项目均应编制应急预案。企业应根据承包工程的类型、共性特征，规定企业内部具有通用性、指导性的应急预案的各项基本要求；工程项目应按企业内部应急预案的要求，编制符合工程项目个性特点的，具体的，细化的应急预案，指导施工现场的具体操作。

工程项目的应急预案应上报企业审批。

（2）具体评分建议

·对重大危险源未制订应急预案，发现一处扣 10 分。

（二）施工组织设计（方案）

1. 施工组织设计（方案）编制审批制度

（1）管理要求

企业的技术负责人以及施工项目技术负责人，对施工安全负技术责任。企业应根据自身情况制订施工组织设计（方案）编制审批制度，对施工组织设计（方案）分级编制的具体内容，编制和审批的时限、权限等作出具体规定。

（2）具体评分建议

未制订施工组织设计（方案）编制审批制度，扣 20 分。

2. 安全技术措施编制

（1）管理要求

施工组织设计（方案）必须有针对工程危险源而编制的安全技术措施。

安全技术措施要针对工程特点、施工工艺、作业条件以及施工人员的素质等情况进行制订。

对工程中各种危险源，要制定出具体的防护措施和作业安全注意事项。

（2）具体评分建议

·发现有一个工程施工组织设计（方案）未根据工程危险源编制安全技术措施，即扣 15 分。

·发现有一个工程安全技术措施无针对性，即扣 5 分，以后每发现一个工程即加扣 5 分，直至扣完。

3. 施工组织设计（方案）的审批

（1）管理要求

根据规定，施工组织设计（方案），必须按方案涉及内容，由企业（单位）的技术负责人组织技术、安全、计划、设备、材料等相关职能部门进行审核，由技术负责人进行审批。施工组织设计（方案）审核和审批人应有明确意见并签名，职能部门盖章。

经过批准的施工组织设计（方案），不准随意变更修改。确因客观原因需修改时，应按原审核、审批的分工与程序办理。

（2）具体评分建议

·发现有一个工程的施工组织设计（方案）审批手续不全，即扣 5 分，直至扣完。

（三）专项安全技术方案

1. 专项安全技术方案编制

（1）管理要求

根据国务院令第 393 号《建设工程安全生产管理条例》和《建筑施工安全检查标准》JGJ 59—99 规定，对专业性强、危险性大的施工项目，如基坑支护与降水工程、土方开挖工程、模板工程、起重吊装工程、脚手架工程、拆除与爆破工程，以及国务院建设行政主管部门或其他有关部门规定的其他危险性较大的工程，如：垂直运输设备的拆装等，应单独编制专项安全技术方案。其中涉及深基坑、地下暗挖工程、高大模板工程的专项施工方案，企业应根据各地有关具体规定，组织专家进行论证。

企业对专项安全技术方案的编制内容、审批程序、权限等应有具体规定。

专项安全技术方案的编制必须结合工程实际，针对不同的工程特点，从施工技术上采取措施保证安全；针对不同的施工方法、施工环境，从防护技术上采取措施保证安全；针对所使用的各种机械设备，从安全保险的有效设置方面采取措施保证安全。

（2）具体评分建议

·未单独编制专项安全技术方案或针对性不强，每发现有一个工程扣 5 分，直至扣完。

2. 专项安全技术方案审批

（1）管理要求

专项安全技术方案（包括修改方案）应按企业规定由企业技

术部门组织实施审批程序，具体程序应参照施工组织设计（方案）的审批。

（2）具体评分建议

·发现有一个工程的专项安全技术方案（包括修改方案）审批手续不全，即扣 10 分，直到扣完。

3.专项安全技术方案的内容

（1）管理要求

专项安全技术方案应力求细致、全面、具体。并根据需要进行必要的设计计算，对所引用的计算方法和数据，必须注明其来源和依据。所选用的力学模型，必须与实际构造或实际情况相符。为了便于方案的实施，方案中除应有详尽的文字说明外，还应有必要的构造详图。图示应清晰明了，标注齐全。

（2）具体评分建议

·每发现一个工程的专项安全技术方案不符规定，扣 5 分，直到扣完。

4.方案交底、验收和检查

（1）管理要求

各层次技术负责人应会同方案编制人员对方案的实施进行上级对下级的技术交底，并提出方案中所涉及的设施安装和验收的方法和标准。项目技术负责人和方案编制人员必须参与方案实施的验收和检查。

（2）具体评分建议

·每发现有一个工程不符要求，即扣 5 分，直至扣完。

5.安全监控管理

（1）管理要求

专项安全技术方案实施过程中的危险性较大的作业行为必须列入危险作业管理范围，作业前，必须办理作业申请，明确安全监控人，实施监控，并有监控记录。

安全监控人必须经过岗位安全培训。

（2）具体评分建议

·未安排专业人员进行监控管理，现场每发现一处扣 5 分，监控记录不全，每发现一处扣 3 分，直至扣完。

（四）安全技术交底

1.安全技术交底的规定

（1）管理要求

安全技术交底是安全技术措施实施的重要环节。施工企业必须制定安全技术分级交底职责管理要求、职责权限和工作程序，以及分解落实、监督检查的规定。

（2）具体评分建议

·企业未制定相关规定和制度，则应扣 15 分。

2.安全技术交底的有效落实

（1）管理要求

专项施工项目及企业内部规定的重点施工工程开工前，企业的技术负责人及安全管理机构，应向参加施工的施工管理人员进行安全技术方案交底。

各分部分项工程，关键工序，专项方案实施前，项目技术负责人、安全员应会同项目施工员将安全技术措施向参加施工的施工管理人员进行交底。

总承包单位向分包单位，分包单位工程项目的安全技术人员向作业班组进行安全技术措施交底。

安全员及各条线管理员应对新进场的工人实施作业人员工种交底。

作业班组应对作业人员进行班前交底。

交底应细致全面、讲求实效，不能流于形式。

（2）具体评分建议

·从记录看，每发现一个工程未有效落实各级技术交底的，即扣 5 分，直至扣完。

3.安全技术交底的手续

（1）管理要求

所有安全技术交底除口头交底外，还必须有书面交底记录，交底双方应履行签名手续，交底双方各有一套书面交底。

书面交底记录应在技术、施工、安全三方备案。

（2）具体评分建议

·有一个工程缺少技术交底书面记录，或未履行签名手续的，扣3分，以后每个工程扣1分，直至扣完。

（五）安全技术标准规范和操作规程

1. 安全标准规范的配备

（1）管理要求

企业应根据自身的经营内容和施工特点，收编相关的现行有效的国家、行业和地方的安全技术标准、规范和企业的安全技术标准、各项安全技术操作规程，专人保管，并应将目录及时发放企业相关部门和岗位，以指导企业相关部门和岗位始终使用现行有效的规范、标准和文件。

收编的安全技术标准、规范应全面。一般应包含以下二类：

综合管理类（文明卫生、劳动保护、职业健康、教育培训、事故管理等）。

建筑施工类（土方工程、脚手架工程、模板工程、高处作业、监时用电、起重吊装工程、建筑机械、焊接工程、拆除与爆破工程、消防安全等）。

制订的安全技术操作规程一般应按工种分，如：

架子工、钢筋工、混凝土工、油漆工、玻璃工、起重吊装工、施工机械（工具）装拆和使用、其他工种等。

规范、标准等均应为现行有效版本。

（2）具体评分建议

企业未配备现行有效的、与企业生产经营内容相关的安全技术标准、规范和操作规程，扣15分。

如果企业内部规范文件配备不全面，或发现使用过期版本，则应扣5~10分。

（六）安全设备和工艺的选用

1. 设备或工艺的选用

（1）管理要求

企业应及时传达并有效落实相关文件要求，从方案到现场实施，均要控制，严禁企业内部各个场所使用国家、行业和地方明文规定的淘汰的施工生产设备，以及落后或不安全的施工工艺。

（2）具体评分建议

·发现企业内部有使用国家、行业和地方明文规定的淘汰的施工生产设备，以及落后或不安全的施工工艺，有一处即扣10分。

2. 新设备、工艺、材料的选用，或推广应用科技成果

（1）管理要求

企业应有创新意识，企业内部应提倡优先选用国家、行业和地方推荐的新型施工生产设备，以及新的施工工艺和新的安全防护材料、器具。或在安全施工科技领域，即在施工生产设备、施工工艺、安全防护材料等方面有创新，获地市级及以上奖励或鉴定的。

（2）具体评分建议

企业内部推广使用一项新的工艺、材料、设备或课题成果，即加5分，注：新的工艺、材料、设备及课题成果，以评价年度的文件或鉴定证书为准。

六、设备与设施管理分项评分

设备与设施管理分项评分见表 A.0.4。

表 A.0.4　设备与设施管理分项评分

序号	评分项目	评 分 标 准	评分方法	应得分	扣减分	实得分
1	设备安全管理	·未制定设备（包括应急救援器材）安装（拆除）、验收、检测、使用、定期保养、维修、改造和报废制度或制度不完善、不齐全，扣 10～25 分 ·购置的设备，无生产许可证和产品合格证或证书不齐全，扣 10～25 分 ·设备未按规定安装（拆除）、验收、检测、使用、保养、维修、改造和报废，扣 5～15 分 ·向不具备相应资质的企业和个人出租或租用设备，扣 10～25 分 ·无企业设备管理档案台账，扣 5 分 ·设备租赁合同未约定各自安全生产管理职责，扣 5～10 分	查企业设备安全管理制度，查企业设备清单和管理档案，抽查施工现场设备及管理资料	25		
2	大型设备装拆安全控制	·装拆由不具备相应资质的单位或不具备相应资格的人员承担，扣 25 分 ·大型起重设备装拆无经审批的专项方案，扣 10 分 ·装拆未按规定做好监控和管理，扣 10 分 ·未按规定检测或检测不合格即投入使用，扣 10 分	抽查企业备份或施工现场方案及实施记录	25		

42

序号	评分项目	评分标准	评分方法	应得分	扣减分	实得分
3	安全设施和防护管理	·企业对施工现场的平面布置和有较大危险因素的场所及有关设施、设备缺乏安全警示标志的统一规定，扣5分 ·安全防护措施和警示、警告标识不符合安全色与安全标志规定要求，扣5分	查相关规定，抽查施工现场	20		
4	特种设备管理	·未按规定制定管理要求或无专人管理，扣10分 ·未按规定检测合格后投入使用，扣10分	抽查施工现场	15		
5	安全检查测试工具管理	·未按有关规定配备相应的安全检测工具，扣5分 ·配备的安全检测工具无生产许可证和产品合格证或证件不齐全，扣5分 ·安全检测工具未按规定进行复检，扣5分	查相关记录，抽查施工现场检测工具	15		
分项评分				100		

评分员：　　　　　　　　　　　　　　　　年　　月　　日

（一）设备安全管理

1. 设备安全管理制度的建立

（1）管理要求

设备安全管理制度是施工企业管理的一项基本制度。企业应当根据国家、建设部有关机械设备管理规定、要求，以及地方建设行政主管部门的有关要求，建立健全包括设备（包括应急救援设备、器材）安装和拆卸、设备验收、设备检测、设备使用、设备保养和维修、设备改造和报废等各项设备管理制度，制度应明确相应管理的要求、职责和权限及工作程序，确定监督检查、实施考核的方法，形成文件并组织实施。

（2）具体评分建议

·管理制度缺一项扣 10 分，以后每再缺一项扣 5 分，缺四项及以上扣全分。

·管理制度内容不完善，如缺少实施记录、缺少职责和权限、缺少监督检查、缺少考核记录等，缺一项扣 5 分，以后每再缺一项扣 3 分，缺四项及以上扣全分。

2. 设备的采购控制

（1）管理要求

施工企业应当严格按照国家和省级地方建设行政主管部门的有关规定购置合格的施工机械设备。所购设备有效证照（产品使用说明书、产品合格证、实行许可证制度产品的许可证等）必须齐全。

——购置实行生产（制造）许可证制度的产品必须有国家有关主管部门颁发的许可证。对于生产企业开发的新产品，必须经检测机构检测合格，并持有国家或省级有关主管部门颁发的临时生产（制造）许可证，方可购置。

——对未实行生产（制造）许可证制度的施工机械设备，必须通过国家或省级地方建设行政主管部门委托的部门鉴定认可后，方可购置。

——不得销售或采购国家明令淘汰的施工机械设备。

——采购二手施工机械设备时，施工企业必须组织有关专业技术人员或委托有资质的单位，对施工机械设备的技术指标及安全性能进行鉴定，确认合格，方可购买，且买卖双方应办理好有关技术档案交接手续。

（2）具体评分建议

·发现一台设备无生产（制造）许可证和产品合格证的扣 10 分，以后每发现一台设备不符上述要求的扣 5 分。

3. 设备安全管理制度的执行

（1）管理要求

施工企业应严格执行企业设备安全管理的各项制度。按照本企业设备安全管理各项制度规定，实施设备（包括应急救援设备、器材）采购、设备安装和拆卸、设备验收、设备检测、设备使用、设备保养和维修、设备改造和报废，并有相关记录。

（2）具体评分建议

·发现一项不符要求的扣 5 分，以后每发现一项不符要求的扣 5 分，直至 15 分扣完。

4. 设备的租赁管理

（1）管理要求

《建设工程安全生产管理条例》第十五、第十六条对设备的租赁管理有明确规定。

施工企业应加强对设备出租和承租的管理。按照各级地方建设行政主管部门的有关要求和施工企业对设备出租和承租的管理制度，对设备出租和承租对象所能承担的资质和能力进行确认。

施工企业承租设备，应根据表 A.0.2 供应单位管理要求及企业内部对资质资格管理的具体规定要求，对出租商进行评价，选择列入本企业《合格供应单位》名录的出租商，进行设备的承租，并应合理使用、及时维护。

出租单位出租设备、机具和配件，应保证性能良好、运行安全可靠并及时进行检测和维修。

签订租赁协议时，应出具安全性能检测合格证明。禁止出租检测不合格的机械设备、机具和配件。

（2）具体评分建议

·发现一项不符要求的扣 10 分，以后每发现一项不符要求的扣 5 分。

5. 设备档案管理

（1）管理要求

施工企业应当建立设备管理档案，并且应有设备状况明细表，包括自有设备、出租设备、承租设备的数量、设备型号及规格、日常检查记录等管理记录和目前状况的简要情况说明。

（2）具体评分建议

·发现无设备管理档案扣 5 分，每发现一项内容不符要求的扣 1 分。

6. 设备租赁的合同管理

（1）管理要求

施工企业对于承租的设备，除按各级建设行政主管部门的有关要求、确认相应企业具有相应资质以外，施工企业与出租企业在租赁前应签订书面租赁合同，或签订安全协议书，约定各自的安全生产管理职责。

（2）具体评分建议

·发现未签订租赁合同，或未约定各自的安全生产管理职责，每发现一处扣 10 分，各自的安全生产管理职责的约定不够明确，每发现一处扣 5 分，以后每发现一处扣 2 分，直至扣完 10 分。

（二）大型设备装、拆安全控制

对于施工企业用于施工现场的大型设备，主要指起重设备，加强对施工起重设备安装、拆卸的安全控制，对保障工程建设的安全生产，促进经济发展，具有很大的作用。

国务院第 373 号令《特种设备安全监察条例》明确了建设行政主管部门对建设行业使用的起重机械的监督管理职能，施工企业应当严格遵守。

1. 施工起重机械设备安装、拆卸单位的资质控制

（1）管理要求

《建设工程安全生产管理条例》第十七条对施工起重机械设备安装、拆卸单位的资质控制有明确规定，施工企业应当根据本地区的特点和建设行政主管部门的要求，加强对大型机械设备安装、拆卸单位及从业人员资质、资格的严格审查，确认无误方可签约，严禁由不具备相应资质的单位及其相应资格的人员，从事施工起重机械设备的安装、拆卸工作。不得将施工起重机械的拆装过程分解给两个或两个以上的企业进行拆装。

（2）具体评分建议

·发现由不具备相应资质的单位及其相应资格的人员，从事大型机械设备的安装、拆卸工作的扣25分。

·发现将施工起重机械的拆装过程分解给两个或两个以上的企业进行拆装的扣10分。

2．施工起重机械设备安装、拆卸专项施工方案的确认控制

（1）管理要求

施工企业自行具有相应的资质，并在本企业总承包的工程中从事施工起重机械设备安装或拆卸，则应由本企业相关技术人员依据工程特点和要求制订相应专项施工方案及安全技术措施，经工程项目部和企业相关部门会签，报企业技术负责人审批后方可实施。

施工企业将工程的施工起重机械设备安装或拆卸，发包给其他具有相应资质专业施工企业的，专业施工企业应依据工程特点和要求，自行编制施工起重机械设备安装、拆卸的专项施工方案及安全技术措施，经本企业技术负责人审批后，再报发包施工企业，依据发包企业的审批程序进行审查确认，由发包施工企业技术负责人批准后方可实施。

如各地建设行政主管部门对专项施工方案的确认有具体措施，施工企业应当按要求组织实施。

（2）具体评分建议

·发现无专项施工方案及安全技术措施或专项施工方案及安全技术措施审批手续不全，每发现一处扣10分。

3．施工起重机械设备安装、拆卸过程的控制

（1）管理要求

《建设工程安全生产管理条例》第十七条规定设备安装单位在安装完毕后，应当进行自检，出具自检合格证明，并向施工单位进行安全使用说明。施工企业必须参与对施工起重机械设备安装或拆卸过程的监控和管理。监控管理的主要内容应包括：

——专项施工方案及安全技术措施审批手续是否完整；

——施工起重机械设备安装或拆卸的施工企业资质是否相符；

——施工起重机械设备安装或拆卸的从业人员资格是否具备；

——施工起重机械设备基础的隐蔽工程是否经验收；

——施工起重机械设备安装或拆卸的程序和过程控制是否按照方案进行，安全技术交底是否执行；

——施工起重机械设备安装或拆卸的专业施工企业监控人员是否到位；

——施工起重机械设备安装完毕后检查验收工作是否进行。

监控内容必须要有书面记录。

（2）具体评分建议

·抽查施工现场监控书面记录，发现有一项内容不符要求的扣5分，以后每发现一项内容不符要求的扣2分。

4.施工起重机械设备安装后检测、检验的控制。

（1）管理要求

起重机械设备安装完毕后除了安装单位的自查、自检以外，还应当按照各级建设行政主管部门的要求，委托相应的检测机构对已安装的起重机械设备实施检测，经检测合格，取得合格证书后方可使用。

（2）具体评分建议

·发现不符要求的，每一起扣10分。

（三）安全设施和防护管理

1.施工现场安全警示标志的使用管理

（1）管理要求

正确使用安全警示标志是施工现场安全管理的重要内容。根据《建设工程安全生产管理条例》第二十八条规定，施工单位应当在施工现场危险部位，设置明显的安全警示标志。安全警示标志包括安全色和安全标志，进入工地的人员通过安全色和安全标志能提高对安全保护的警觉，以防发生事故。施工企业应当建立施工现场正确使用安全警示标志和安全色的相应规定，对使用部位、内容作具体要求，明确相应管理的要求、职责和权限，确定监督检查的方法，形成文件并组织实施。

（2）具体评分建议

·施工企业未制订对施工现场正确使用安全警示标志和安全色的统一规定，扣 5 分。

2．安全警示标志的实施

（1）管理要求

施工现场安全标志、安全色应规划统一，且符合《安全标志》GB 2894—1996、《安全标志使用导则》GB 16179—1996、《安全色》GB 2893—2001 的要求及企业内部管理规定。

（2）具体评分建议

·每发现一个工程安全警示标志、安全色不符合要求的扣 5 分。

（四）特种设备管理

1．企业对特种设备的安全管理制度

（1）管理要求

目前施工企业常用的特种设备主要包括压力容器、起重机械。

施工企业应根据国务院第 373 号令《特种设备安全监察条例》要求，对特种设备生产和使用建立健全安全管理制度和岗位安全责任制度，落实专人对施工企业、工程项目的特种设备进行管理。明确相应管理的要求、职责和权限，确定监督检查、考核的方法，形成文件并组织实施。

生产特种设备的施工企业，必须经过相关部门的许可。

（2）具体评分建议

·对未建立特种设备安全管理制度，落实专人进行管理的扣 10 分。

2. 企业对特种设备的使用管理

（1）管理要求

施工企业对特种设备的使用应当加强管理，并按有关规定要求落实定期检测工作，确保企业内部各场所使用的特种设备均通过相关法定检测机构定期检测，且检测合格。

（2）具体评分建议

·未按要求委托相关法定检测机构进行定期检测或检测期限已过仍使用，发现一起扣 10 分。

（五）安全检查测试工具管理

1. 安全检测工具的配备管理

（1）管理要求

施工企业应根据本企业施工特点，规定并有效落实各施工场所配备完善相应的安全检测设备和工具。常用的有：

检查几何尺寸的：卷尺、经纬仪、水准仪、卡尺、塞尺；

检查受力状态的：传感器、拉力器、力矩扳手；

检查电器的：接地电阻测试仪、绝缘电阻测试仪、电压电流表、漏电测试仪等。

测量噪声的：声级机；

测量风速的：手持式风速仪。

（2）具体评分建议

·发现一个工程未配备相应的安全检测设备和工具的扣 5 分。

2. 安全检查测试工具的证件管理

（1）管理要求

常用的安全检测工具必须是具有相关证照的合格产品。国家实行许可证的产品必须有许可证；国家实行强制认证的产品必须有认证证书；其他产品必须有产品合格证，并与产品相对应。

（2）具体评分建议

·发现一个工程安全检测工具证照不全的扣 2 分，以后每发现一个工程证照不全的加扣 1 分。

3. 安全检测工具的校准、检定管理

（1）管理要求

施工企业应当加强对安全检测工具的计量检定管理工作，为使企业管理上台阶，对国家明令实施强制检定的安全检测工具，必须落实按要求进行检定，同时应加强对其他安全检测工具的检定、校正管理工作。安全检测工具应每年检定、校正一次，应有书面记录。

（2）具体评分建议

·每发现一个工程安全检测工具未按规定进行检定、校正的扣 5 分。

七、安全生产业绩单项评分

安全生产业绩单项评分见表 B.0.1

表 B.0.1　安全生产业绩单项评分

序号	评分项目	评 分 标 准	评分方法	应得分	扣减分	实得分
1	生产安全事故控制	·安全事故累计死亡人数 2 人，扣 30 分 ·安全事故累计死亡人数 1 人，扣 20 分 ·重伤事故年重伤率大于 0.6‰，扣 15 分 ·一般事故年平均月频率大于 3‰，扣 10 分 ·瞒报重大事故，扣 30 分	查事故报表和事故档案	30		
2	安全生产奖罚	·受到降级、暂扣资质证书处罚，扣 25 分 ·各类检查中项目因存在安全隐患被指令停工整改，每起扣 5～10 分 ·受建设行政主管部门警告处分，每起扣 5 分 ·受建设行政主管部门经济处罚，每起扣 10 分 ·文明工地，国家级每项加 15 分，省级加 8 分，地市级加 5 分，县级加 2 分 ·安全标准化工地，省级加 3 分，地市级加 2 分，县级加 1 分 ·安全生产先进单位，省级加 5 分，地市级加 3 分，县级加 2 分	查各级行政主管部门管理信息资料，各类有效证明材料	25		

序号	评分项目	评 分 标 准	评分方法	应得分	扣减分	实得分
3	项目施工安全检查	·按 JGJ 59—99《建筑施工安全检查标准》对施工现场进行各级大检查，项目合格率低于 100%，每低 1% 扣 1 分，检查优良率低于 30%，每 1% 扣 1 分 ·省级及以上安全检查通报表扬，每项加 3 分；地市级安全生产通报表扬每项加 2 分 ·省级及以上通报批评每项扣 3 分，地市级通报批评每项扣 2 分 ·因不文明施工引起投诉，每起扣 2 分 ·未按建设安全主管部门签发的安全隐患整改指令书落实整改，扣 5～10 分	查各级行政主管部门管理信息资料，各类有效证明材料	25		
4	安全生产管理体系推行	·企业未贯彻安全生产管理体系标准，扣 20 分 ·施工现场未推行安全生产管理体系 5～15 分 ·施工现场安全生产管理体系推行率低于 100%，每低 1% 扣 1 分	查企业相应管理资料	20		
单 项 评 分				100		

评分员：　　　　　　　　　　　　　　　　年　　月　　日

　　施工企业安全生产业绩的评价应依据在评价周期内的相关文件记录或有效证明材料进行。

（一）生产安全事故控制

　　1.施工企业在评价周期内发生生产安全事故，累计死亡人数二人，应将该评分项目的应得分全部扣除，即 30 分。

　　2.施工企业在评价周期内发生安全事故累计死亡人数一人；扣 20 分。

3. 重伤事故，年重伤频率＞0.6‰是指全年重伤事故的起数与全年的平均在册人数之比：即：重伤事故起数/全年平均在册人数＞0.6‰。

4. 一般事故月平均负伤频率＞3‰同样是用全年发生的轻伤事故起数/全年平均人数再除以12个月，如＞3‰实施扣分。

5. 经核实企业隐匿不报、漏报、迟报或伪造重大事故，应扣30分（根据《工程重大事故报告和调查程序规定》建设部令第3号规定，重大事故是指在工程建设中由于责任过失造成工程坍塌或报废、机构设备毁坏和安全设施失当造成人身伤亡或者重大经济损失的事故）。

6. 事故报告统计应根据建设部建建安［1994］第04号《关于印发〈建设职工伤亡事故报告统计问题解答〉的通知》执行。

（二）安全生产奖惩

1. 经核实施工企业在生产经营活动中违反了有关规定，根据《建筑业企业资质管理规定》建设部令第87号中的罚则，《建筑安全生产监督管理规定》建设部令第13号或各地建设行政主管部门关于建筑业企业资质管理实施细则及其他有关条例的规定，受到当地建设行政主管部门作出的降级、暂扣资质证书处罚，应扣25分。

2. 凡施工企业承建的工程项目在接受各级建设行政主管部门组织的各类安全检查，如：安全大检查，安全专项整治，季节性及节假日安全检查，抽巡查等过程中，施工现场因局部范围，如：某台井架，某号房的脚手架等，存在重大问题和隐患而被指令局部暂缓施工，停工整改，每起扣5分，直到扣完。若整个施工现场安全管理失控，普遍存在安全隐患，而被指令全面停工整改，则每起扣10分。

3. 施工企业承建的工程项目因在施工生产过程中违反了有关规定，如各地的建筑市场管理条例中安全生产相关内容，受到建设行政主管部门的警告处分，每起扣5分。

4. 施工企业承建的工程项目因在施工生产过程中违反了有关规定，如各地的建筑市场管理条例中安全生产相关内容，受到建设行政主管部门的罚款处理，无论处罚金额多少，按起数进行扣分，每起扣 10 分。

5. 文明工地是建筑行业精神文明和物质文明建设的最佳结合点，文明施工包括安全生产、工程质量、环境保护、劳动保护等综合性的管理要求，文明施工创建活动可充分体现施工企业的管理水平。各地对文明工地的创建都有各自具体的要求和激励机制。施工企业承建的施工项目，在创建文明工地的活动中取得良好成绩，受到建设行政主管部门表彰，应予以加分，加分分值与创优的级别相对应，国家级每项（即每个工程项目）加 15 分，省级加 8 分，地市级加 5 分，县级加 2 分。

6. 安全标准化工地的创建，是各地在贯彻落实《建筑施工安全检查标准》JGJ59—99 过程中，制定的一项创优措施。以《建筑施工安全检查标准》JGJ59—99 为基础，结合各地的实际情况，进一步制定具体的实施内容，作为安全标准化工地的管理标准，并制定相应的激励机制，鼓励企业达标。施工企业承建的施工项目，在争创标准化工地管理过程中，通过检查确认达标，应予以加分，加分分值与创优的级别相对应，省级每项（即每个工程项目）加 3 分，地市级加 2 分，县级加 1 分。

7. 企业受到各级安全生产监督局和建设行政主管部门表彰，被评为安全生产先进单位称号的，应予以加分，加分分值与创优的级别相对应，省级加 5 分，地市级加 3 分，县级加 2 分。

（三）项目施工检查

1. 各级建设行政主管部门按《建筑施工安全检查标准》JGJ59—99 对施工企业的施工工程项目现场进行安全检查，受检的工地中，不合格的工程项目（检查汇总分数不足 70 分的）数/受检工程项目总数 = 项目合格率。若项目合格率低于 100%，则每低 1% 扣 1 分；优良的工程项目[汇总表得分在 80 分以上（含

80分）]数/受检的工程项目总数＝项目优良率，如项目优良率小于30％，则实施扣分，每低1％扣1分。评价年度中，有一次检查，即统计一次，评价时，进行汇总。

2．由各级建设行政主管部门组织的安全生产检查中成绩优秀，受到通报表扬的，可予以加分，加分分值与通报表扬的级别相对应，省级及以上，每项（即每个工程）加3分，地市级每项加2分。

3．由各级建设行政主管部门组织的安全生产检查中发现问题较多而受到通报批评的。应予以扣分，扣分分值与通报批评的级别相对应，省级及以上，每项（即每个工程）扣3分，地市级每项扣2分。

4．工程项目在施工生产过程中，未遵循利民、便民、不扰民的原则，不注意文明施工，由于噪声、粉尘、废气、废水、固体废物、振动和施工照明等影响周边民众正常的生活或工作，而引起投诉，每起扣2分，施工企业应对每件投诉妥善处理，并将处理结果进行存档。若引起的后果不严重，影响面不大，经妥善处理后，达成谅解，并有相应的证明材料的，可不予扣分。

5．建设行政主管部门在工地检查中若签发安全隐患整改指令书，则施工现场项目经理应对安全隐患整改指令书上所列整改内容，"定人、定时间、定措施"，及时有效的落实整改，并将整改情况及相关部门的复查记录进行存档。否则，将予以扣分。

（四）安全生产管理体系推行

1．施工企业应按安全生产管理体系的要求，实施体系贯标，企业中应指定推行安全生产管理体系的领导和主管部门，结合企业的管理和经营特点，从组织上加以落实。在推行安全生产管理体系时，应结合企业的具体条件与其他质量、环境等管理体系的兼容和协同运作。并按照相关的标准、法律、法规和规章等要求编制安全生产管理体系文件，同时在推行安全生产管理体系时，还应组织企业相关人员对现场的推行工作加以监督、指导和帮助。按体系标准要求还须开展内部对体系的审核，作出评价，保证评价体系持续改进。

2. 各施工现场按企业所制定的安全生产管理体系文件的要求实施体系的运行。施工项目部由项目经理负责现场推行安全生产管理体系的运行、协调和各部门或岗位的职责落实。推行中还须及时按施工阶段不同组织自我安全评估，总结经验，建立一个自我改进的长效管理机制。根据安全生产管理体系在企业内部施工现场运行中存在的普遍的缺陷程度，实施扣分。

3. 企业内部所有的施工现场均应推行安全生产管理体系，不能留有空白点，对于施工周期短和工作量小的工地也应推行安全生产管理体系，但在运行程序和体系管理文件的编制上可以适当简化。推行安保体系的工程项目数/企业内部工程项目总数＝推行率，推行率若低于100％，则每低1％扣1分。

八、施工企业安全生产评价汇总表

企业名称：_____　　经济类型：_____

资质等级_____上年度施工产值：_____在册人数：_____

安全生产条件单项评价			安全生产业绩单项评价	
序号	评分分项	实得分 （满分100分）		
①	安全生产管理制度		单项评价实得分 （满分100分）	
②	资质、机构与人员管理			
③	安全技术管理			
④	设备与设施管理			
单项评分实得分 ①×0.3+②×0.2+ ③×0.3+④×0.2				
分项评分表中的实得分为零 的评分项目数（个）		分项评分表中的实得分为零 的评分项目数（个）		
单项评价等级		单项评价等级		
安全生产能力 综合评价等级：				
评价意见：				
评价负责人 （签名）		评价人员 （签名）		
企业负责人 （签名）		企业签章		

（一）施工企业概况

施工企业基本情况包括：企业名称、经济类型、资质等级、上年度施工产值、在册人数 5 个方面，其中"企业名称"应填写全称，有企业代码的，还应注明。"经济类型"是指国有、集体或民营，股份制，合资，独资等，"资质等级"是指施工企业资质证书上经营主项的资质类别和等级，应参照《建筑业企业资质管理规定》建设部令第 87 号和《关于印发〈建筑业企业资质等级标准〉的通知》建设部建建〔2001〕第 82 号的规定。"上年度施工产值"是指在评价周期内，施工企业在评价组织单位所属地区产生的施工产值，"在册人数"是指施工企业在评价年度内，评价组织单位所属地区的平均在册的人数。

（二）施工企业安全生产条件单项评价

将分项评分的分值，记录在汇总表的相应部位，各分项的评分应按照标准"4.0.1 条款"的要求进行。

附：4.0.1 施工企业安全生产条件单项评分应符合下列原则：

1　各分项评分满分分值为 100 分，各分项评分的实得分应为相应分项评分表中各评分项目实得分之和。

2　分项评分表中的各评分项目的实得分不应采用负值，扣减分数总和不得超过该评分项目应得分分值。

3　评分项目有缺项的，其分项评分的实得分应按下式换算：

遇有缺项的分项评分的实得分 =（可评分项目的实得分之和 ÷ 可评分项目的应得分值之和）×100

4　单项评分实得分应为其 4 个分项实得分的加权平均值。本标准附录 A 中表 A.0.1～表 A.0.4 相应分项的权数分别为 0.3、0.2、0.3、0.2。

然后按照标准"5.0.2 条款"的要求综合"分项评分表中的实得分为零的评分项目数"、"各分项评分实得分"及"单项评分实得分"等 3 个方面的因素，确定施工企业安全生产条件单项评价等级。

附：5.0.2 施工企业安全生产条件单项评价等级划分应按表 5.0.2 核定。

表 5.0.2 施工企业安全生产条件单项评价等级划分

评价等级	评 价 项		
	分项评分表中的实得分为零的评分项目数（个）	各分项评分实得分	单项评分实得分
合 格	0	≥70	≥75
基本合格	0	≥65	≥70
不 合 格	出现不满足基本合格条件的任意一项时		

（三）施工企业安全生产业绩单项评价

将安全生产业绩单项评分分值记录在汇总表的相应部位，安全生产业绩单项评分应按照标准"4.0.2 条款"的要求进行，应按照标准"5.0.3 条款"的要求，综合"分项评分表中实得分为零的评分项目数"、及"单项评分实得分"等两个方面的因素，确定施工企业安全生产业绩单项评价等级。

附：4.0.2 施工企业安全生产业绩单项评分应符合下列原则：

1 单项评分满分分值为 100 分。

2 单项评分中的各评分项目的实得分不应采用负值，扣减分数总和不得超过该评分项目应得分分值，加分总和也不得超过该评分项目的应得分分值。

3 单项评分实得分应为各评分项目实得分之和。

4 当评分项目涉及到重复奖励或处罚时，其加、扣分数应以该评分项目可加、扣分数的最高分计算，不得重复加分或扣分。

5.0.3 施工企业安全生产业绩单项评价等级划分应按表

5.0.3 核定。

表 5.0.3 施工企业安全生产业绩单项评价等级划分

评价等级	评 价 项	
	单项评分表中的实得分为零的评分项目数（个）	评分实得分
合 格	0	≥75
基本合格	≤1	≥70
不 合 格	出现不满足基本合格条件的任意一项或安全事故累计死亡人数 3 人及以上或安全事故造成直接经济损失累计 30 万元以上	

（四）安全生产能力综合等级

综合评价等级的确定要综合考虑"安全生产条件评价"和"安全生产业绩评价"两方面，按照标准"5.0.4 条款"的要求确定。

附：5.0.4 施工企业安全生产能力综合评价等级划分应按表 5.0.4 核定。

表 5.0.4 施工企业安全生产能力综合评价等级划分

评价等级	评 价 项	
	施工企业安全生产条件单项评价等级	施工企业安全生产业绩单项评价等级
合 格	合 格	合 格
基本合格	单项评价等级均为基本合格或一个合格、一个基本合格	
不 合 格	单项评价等级有不合格	

（五）评价意见

指评价小组的综合意见，应由评价负责人执笔，评价意见应肯定企业成绩，同时明确指明其不足之处，失分的具体部位、内容、原因，突出重点。评价意见应详尽具体，可另附页说明，以切实指导企业进一步完善和改进。

（六）评价结果的确认

评价结果（包括评价等级及评价意见）应经评价组织单位、被评价的施工企业共同签名、盖章确认。"评价负责人"为受评价单位委派，担任本次评价小组的组长，"评价人员"由评价单位组织安排。参与评价的人员均应签名，并应与各评分表的评分员签名相对应。施工企业自我评价时，评价组织单位即为施工企业自身。"企业负责人"应为被评价的施工企业的法人或法人代表。

附录一 《施工企业安全生产评价标准》 JGJ/T 77—2003

中华人民共和国行业标准

施工企业安全生产评价标准

Standard of the work safety assessment for
construction company

JGJ/T 77—2003

批准部门：中华人民共和国建设部
施行日期：2003年12月1日

中华人民共和国建设部
公　　告

第 188 号

建设部关于发布行业标准
《施工企业安全生产评价标准》的公告

现批准《施工企业安全生产评价标准》为行业标准，编号为
JGJ/T 77—2003，自 2003 年 12 月 1 日起实施。

本标准由建设部标准定额研究所组织中国建筑工业出版社出
版发行。

中华人民共和国建设部

2003 年 10 月 24 日

前　　言

根据建设部建标标函〔2003〕22号文的要求，标准编制组在深入调查研究，认真总结国内外科研成果和大量实践经验，并广泛征求意见的基础上，制定了本标准。

本标准的主要内容是：

1. 评价内容；2. 评分方法；3. 评价等级。

本标准由建设部负责管理和解释，由建设部工程质量安全监督与行业发展司（地址：北京市三里河路9号；邮政编码：100835）负责具体内容的解释。

本标准主编单位：上海市建设工程安全质量监督总站（地址：上海市宛平南路75号；邮政编码：200032。）

本标准参编单位：上海市第七建筑有限公司

同济大学

上海市建筑业联合会工程建设监督委员会

山东省建管局

黑龙江省建设工程安全监督站

重庆市建设工程安监站

天津建工集团

北京建工集团

深圳市施工安监站

本标准主要起草人员：蔡　健　潘延平　陶为农　吴晓宇

徐　伟　张国琮　赵敖齐　叶伯铭

李　印　阎　琪　郑相儒　朱奋发

唐　伟　戴贞洁　陈晓峰

目　　次

1 总 则

1.0.1 为加强施工企业安全生产的监督管理，科学地评价施工企业安全生产条件、安全生产业绩及相应的安全生产能力，实现施工企业安全生产评价工作的规范化和制度化，促进施工企业安全生产管理水平的提高，制定本标准。

1.0.2 本标准适用于施工企业及政府主管部门对企业安全生产条件、业绩的评价，以及在此基础上对企业安全生产能力的综合评价。

1.0.3 本标准依据《中华人民共和国安全生产法》、《中华人民共和国建筑法》等有关法律法规，结合现行国家标准《职业健康安全管理体系规范》GB/T 28001 的要求制定。

1.0.4 对施工企业安全生产能力进行综合评价时，除应执行本标准的规定外，尚应符合国家现行有关强制性标准的规定。

2 术 语

2.0.1 施工企业 construction company

从事土木工程、建筑工程、线路管道和设备安装工程、装修工程的新建、扩建、改建活动的各类资质等级的施工总承包、专业承包和劳务分包企业。

2.0.2 安全生产 work safety

为预防生产过程中发生事故而采取的各种措施和活动。

2.0.3 安全生产条件 condition of work safety

满足安全生产的各种因素及其组合。

2.0.4 安全生产业绩 performance of work safety

在安全生产过程中产生的可测量的结果。

2.0.5 安全生产能力 capacity of work safety

安全生产条件和安全生产业绩的组合。

2.0.6 危险源 hazard

可能导致死亡、伤害、职业病、财产损失、工作环境破坏或这些情况组合的根源或状态。

3 评价内容

3.0.1 施工企业安全生产评价的内容应包括安全生产条件单项评价、安全生产业绩单项评价及由以上两项单项评价组合而成的安全生产能力综合评价。

3.0.2 施工企业安全生产条件单项评价的内容应包括安全生产管理制度，资质、机构与人员管理，安全技术管理和设备与设施管理4个分项。评分项目及其评分标准和评分方法应符合本标准附录A的规定。

3.0.3 施工企业安全生产业绩单项评价的内容应包括生产安全事故控制、安全生产奖罚、项目施工安全检查和安全生产管理体系推行4个评分项目。评分项目及其评分标准和评分方法应符合本标准附录B的规定。

3.0.4 安全生产条件、安全生产业绩单项评价和安全生产能力综合评价记录，应采用本标准附录C的《施工企业安全生产评价汇总表》。

4 评 分 方 法

4.0.1 施工企业安全生产条件单项评分应符合下列原则：

1 各分项评分满分分值为 100 分，各分项评分的实得分应为相应分项评分表中各评分项目实得分之和。

2 分项评分表中的各评分项目的实得分不应采用负值，扣减分数总和不得超过该评分项目应得分分值。

3 评分项目有缺项的，其分项评分的实得分应按下式换算：

$$遇有缺项的分项评分的实得分 = \frac{可评分项目的实得分之和}{可评分项目的应得分值之和} \times 100$$

4 单项评分实得分应为其 4 个分项实得分的加权平均值。本标准附录 A 中表 A.0.1～表 A.0.4 相应分项的权数分别为 0.3、0.2、0.3、0.2。

4.0.2 施工企业安全生产业绩单项评分应符合下列原则：

1 单项评分满分分值为 100 分。

2 单项评分中的各评分项目的实得分不应采用负值，扣减分数总和不得超过该评分项目应得分分值，加分总和也不得超过该评分项目的应得分分值。

3 单项评分实得分应为各评分项目实得分之和。

4 当评分项目涉及到重复奖励或处罚时，其加、扣分数应以该评分项目可加、扣分数的最高分计算，不得重复加分或扣分。

5 评 价 等 级

5.0.1 施工企业安全生产条件、安全生产业绩的单项评价和安全生产能力综合评价结果均应分为合格、基本合格、不合格三个等级。

5.0.2 施工企业安全生产条件单项评价等级划分应按表5.0.2核定。

表 5.0.2 施工企业安全生产条件单项评价等级划分

评价等级	评 价 项		
	分项评分表中的实得分为零的评分项目数（个）	各分项评分实得分	单项评分实得分
合 格	0	≥70	≥75
基本合格	0	≥65	≥70
不 合 格	出现不满足基本合格条件的任意一项时		

5.0.3 施工企业安全生产业绩单项评价等级划分应按表5.0.3核定。

表 5.0.3 施工企业安全生产业绩单项评价等级划分

评价等级	评 价 项	
	单项评分表中的实得分为零的评分项目数（个）	评分实得分
合 格	0	≥75
基本合格	≤1	≥70
不 合 格	出现不满足基本合格条件的任意一项或安全事故累计死亡人数3人及以上或安全事故造成直接经济损失累计30万元以上	

5.0.4 施工企业安全生产能力综合评价等级划分应按表5.0.4核定。

表5.0.4 施工企业安全生产能力综合评价等级划分

评价等级	评 价 项	
	施工企业安全生产条件 单项评价等级	施工企业安全生产业绩 单项评价等级
合 格	合 格	合 格
基本合格	单项评价等级均为基本合格或一个合格、一个基本合格	
不合格	单项评价等级有不合格	

附录 A　施工企业安全生产条件评分

表 A.0.1　安全生产管理制度分项评分

序号	评分项目	评　分　标　准	评分方法	应得分	扣减分	实得分
1	安全生产责任制度	·未按规定建立安全生产责任制度或制度不齐全，扣 10~25 分 ·责任制度中未制定安全管理目标或目标不齐全，扣 5~10 分 ·承发包合同中无安全生产管理职责和指标，扣 5~10 分 ·有关层次、部门、岗位人员以及总分包安全生产责任制未得到确认或未落实，扣 5~10 分 ·未制定安全生产奖惩考核制度或制度不齐全，扣 5~10 分 ·未按安全生产奖惩考核制度落实奖罚，扣 3~5 分	查管理制度目录、内容，并抽查企业及施工现场相关记录	25		
2	安全生产资金保障制度	·未按规定建立制度或制度不齐全，扣 10~20 分 ·未落实安全劳防用品资金，扣 5~10 分 ·未落实安全教育培训专项资金，扣 5~10 分 ·未落实保障安全生产的技术措施资金，扣 5~10 分		20		
3	安全教育培训制度	·未按规定建立制度，扣 20 分 ·制度未明确项目经理、安全专职人员、特殊工种、待岗、转岗、换岗职工、新进单位从业人员安全教育培训要求，扣 5~15 分 ·企业无安全教育培训计划，扣 10 分 ·未按计划实施教育培训活动或实施记录不齐全，扣 5~10 分		20		

续表 A.0.1

序号	评分项目	评 分 标 准	评分方法	应得分	扣减分	实得分
4	安全检查制度	·未按规定制定包括企业和各层次安全检查制度，扣20分 ·制度未明确企业、项目定期及日常、专项、季节性安全检查的时间和实施要求，扣3～5分 ·制度未规定对隐患整改、处置和复查要求，扣3～5分 ·无检查和隐患处置、复查的记录或隐患整改未如期完成，扣5～10分	查管理制度目录、内容，并抽查企业及施工现场相关记录	20		
5	生产安全事故报告处理制度	·未按规定制定事故报告处理制度或制度不齐全，扣5～10分 ·未按规定实施事故的报告和处理，未落实"四不放过"，扣10～15分 ·未建立事故档案，扣5分 ·未按规定办理意外伤害保险，扣10分；意外伤害保险办理率不满100%，扣1～10分 ·未制定事故应急预案，未建立应急救援小组或指定专门应急救援人员，扣5—10分		15		
分 项 评 分				100		

评分员：　　　　　　　　　　　　　　　　　　　　年　　月　　日

注："四不放过"指事故原因未查清不放过；职工和事故责任人受不到教育不放过；事故隐患不整改不放过；事故责任人不处理不放过。

表 A.0.2　资质、机构与人员管理分项评分

序号	评分项目	评 分 标 准	评分方法	应得分	扣减分	实得分
1	企业资质和从业人员资格	·企业资质与承发包生产经营行为不相符，扣30分 ·总分包单位主要负责人、项目经理和安全生产管理人员未经过安全考核合格，不具备相应的安全生产知识和管理能力，扣10～15分 ·其他管理人员、特殊工种人员等其他从业人员未经过安全培训，不具备相应的安全生产知识和管理能力，扣5～10分	查企业资质证书与经营手册，抽查上岗证及教育培训记录，抽查施工现场	30		

74

序号	评分项目	评 分 标 准	评分方法	应得分	扣减分	实得分
2	安全生产管理机构	·企业未按规定设置安全生产管理机构或配备专职安全生产管理人员，扣10～25分 ·无相应安全管理体系，扣10分 ·各级未配备足够的专、兼职安全生产管理人员，扣5～10分	查企业安全管理组织网络图、安全管理人员名册清单等	25		
3	分包单位资质和人员资格管理	·未制定对分包单位资质资格管理及施工现场控制的要求和规定，扣15分 ·缺乏对分包单位资质和人员资格管理及施工现场控制的证实材料，扣10分 ·分包单位承接的项目不符合相应的安全资质管理要求，扣15分 ·50人以上规模的分包单位未配备专、兼职安全生产管理人员，扣3～5分	查企业对分包单位管理记录，合格分包方名录，抽查施工现场管理资料	25		
4	供应单位管理	·未制定对安全设施所需材料、设备及防护用品的供应单位的控制要求和规定，扣20分 ·无安全设施所需材料、设备及防护用品供应单位的生产许可证或行业有关部门规定的证书，每起扣5分 ·安全设施所需材料、设备及防护用品供应单位所持生产许可证或行业有关部门规定的证书与其经营行为不相符，每起扣5分	查企业对分供单位管理记录，合格分供方名录，抽查施工现场管理资料	20		
分 项 评 分				100		

评分员： 　　　　　　　　　　　　　　　　　　　年 　 月 　 日

注：表中涉及到的大型设备装拆的资质、人员与技术管理，应按表 A.0.4 中"大型设备装拆安全控制"规定的评分标准执行。

表 A.0.3　安全技术管理分项评分

序号	评分项目	评分标准	评分方法	应得分	扣减分	实得分
1	危险源控制	·未进行危险源识别、评价，未对重大危险源进行控制策划、建档，扣10分 ·对重大危险源未制定有针对性的应急预案，扣10分	查企业及施工现场相关记录	20		
2	施工组织设计（方案）	·无施工组织设计（方案）编制审批制度，扣20分 ·施工组织设计中未根据危险源编制安全技术措施或安全技术措施无针对性，扣5~15分 ·施工组织设计（方案，包括修改方案）未经技术负责人组织安全等有关部门审核、审批，扣5~10分	查企业技术管理制度，抽查企业备份或施工现场的施工组织设计	20		
3	专项安全技术方案	·专业性强、危险性大的施工项目，未按要求单独编制专项安全技术方案（包括修改方案）或专项安全技术方案（包括修改方案）无针对性，扣5~15分 ·专项安全技术方案（包括修改方案）未经有关部门和技术负责人审核、审批，扣10~15分 ·方案未按规定进行计算和图示，扣5~10分 ·技术负责人未组织方案编制人员对方案（包括修改方案）的实施进行交底、验收和检查，扣5~10分 ·未安排专业人员对危险性较大的作业进行安全监控管理，扣3~5分	抽查企业备份或施工现场的专项方案	20		
4	安全技术交底	·未制定各级安全技术交底的相关规定，扣15分 ·未有效落实各级安全技术交底，扣5~15分 ·交底无书面交底记录，交底未履行签字手续，扣3~5分	查企业相关规定企业备份及施工现场交底资料	15		

序号	评分项目	评 分 标 准	评分方法	应得分	扣减分	实得分
5	安全技术标准、规范和操作规程	·未配备现行有效的、与企业生产经营内容相关的安全技术标准、规范和操作规程，扣 15 分 ·安全技术标准、规范和操作规程配备有缺陷，扣 5~10 分	查企业规范目录清单，抽查企业及施工现场的规范、标准、操作规程	15		
6	安全设备和工艺的选用	·选用国家明令淘汰的设备或工艺，扣 10 分 ·选用国家推荐的新设备、新工艺、新材料，或有市级以上安全生产技术成果，加 5 分	抽查施工组织设计和专项方案及其他记录	10		
分 项 评 分				100		

评分员：　　　　　　　　　　　　　　　　　年　月　日

注：表中涉及到的大型设备装拆的资质、人员与技术管理，应按表 A.0.4 中"大型设备装拆安全控制"规定的评分标准执行。

表 A.0.4　设备与设施管理分项评分

序号	评分项目	评 分 标 准	评分方法	应得分	扣减分	实得分
1	设备安全管理	·未制定设备（包括应急救援器材）安装（拆除）、验收、检测、使用、定期保养、维修、改造和报废制度或制度不完善、不齐全，扣 10~25 分 ·购置的设备，无生产许可证和产品合格证或证书不齐全，扣 10~25 分 ·设备未按规定安装（拆除）、验收、检测、使用、保养、维修、改造和报废，扣 5~15 分 ·向不具备相应资质的企业和个人出租或租用设备，扣 10~25 分 ·无企业设备管理档案台账，扣 5 分 ·设备租赁合同未约定各自安全生产管理职责，扣 5~10 分	查企业设备安全管理制度，查企业设备清单和管理档案，抽查施工现场设备及管理资料	25		

续表 A.0.4

序号	评分项目	评 分 标 准	评分方法	应得分	扣减分	实得分
2	大型设备装拆安全控制	·装拆由不具备相应资质的单位或不具备相应资格的人员承担，扣25分 ·大型起重设备装拆无经审批的专项方案，扣10分 ·装拆未按规定做好监控和管理，扣10分 ·未按规定检测或检测不合格即投入使用，扣10分	抽查企业备份或施工现场方案及实施记录	25		
3	安全设施和防护管理	·企业对施工现场的平面布置和有较大危险因素的场所及有关设施、设备缺乏安全警示标志的统一规定，扣5分 ·安全防护措施和警示、警告标识不符合安全色与安全标志规定要求，扣5分	查相关规定，抽查施工现场	20		
4	特种设备管理	·未按规定制定管理要求或无专人管理，扣10分 ·未按规定检测合格后投入使用，扣10分	抽查施工现场	15		
5	安全检查测试工具管理	未按有关规定配备相应的安全检测工具，扣5分 配备的安全检测工具无生产许可证和产品合格证或证件不齐全，扣5分 安全检测工具未按规定进行复检，扣5分	查相关记录，抽查施工现场检测工具	15		
		分　项　评　分		100		

评分员：　　　　　　　　　　　　　　　　　　　　年　　　月　　　日

附录 B 施工企业安全生产业绩评分

表 B.0.1 安全生产业绩单项评分

序号	评分项目	评 分 标 准	评分方法	应得分	扣减分	实得分
1	生产安全事故控制	·安全事故累计死亡人数 2 人扣 30 分 ·安全事故累计死亡人数 1 人，扣 20 分 ·重伤事故年重伤率大于 0.6‰，扣 15 分 ·一般事故年平均月频率大于 3‰，扣 10 分 ·瞒报重大事故，扣 30 分	查事故报表和事故档案	30		
2	安全生产奖罚	·受到降级、暂扣资质证书处罚，扣 25 分 ·各类检查中项目因存在安全隐患被指令停工整改，每起扣 5~10 分 ·受建设行政主管部门警告处分，每起扣 5 分 ·受建设行政主管部门经济处罚，每起扣 10 分 ·文明工地，国家级每项加 15 分，省级加 8 分，地市级加 5 分，县级加 2 分 ·安全标化工地，省级加 3 分，地市级加 2 分，县级加 1 分 ·安全生产先进单位，省级加 5 分，地市级加 3 分，县级加 2 分	查各级行政主管部门管理信息资料，各类有效证明材料	25		

续表 B.0.1

序号	评分项目	评 分 标 准	评分方法	应得分	扣减分	实得分
3	项目施工安全检查	·按 JGJ59-99《建筑施工安全检查标准》对施工现场进行各级大检查，项目合格率低于 100%，每低 1%扣 1 分，检查优良率低于 30%，每 1%扣 1 分 ·省级及以上安全检查通报表扬，每项加 3 分；地市级安全生产通报表扬每项加 2 分 省级及以上通报批评每项扣 3 分，地市级通报批评每项扣 2 分 ·因不文明施工引起投诉，每起扣 2 分 ·未按建设安全主管部门签发的安全隐患整改指令书落实整改，扣 5~10 分	查各级行政主管部门管理信息资料，各类有效证明材料	25		
4	安全生产管理体系推行	·企业未贯彻安全生产管理体系标准，扣 20 分 ·施工现场未推行安全生产管理体系，扣 5~15 分 ·施工现场安全生产管理体系推行率低于 100%，每低 1%扣 1 分	查企业相应管理资料	20		
	单 项 评 分			100		

评分员：　　　　　　　　　　　　　　　年　　月　　日

附录 C 施工企业安全生产评价汇总表

企业名称：_____ 经济类型：_____

资质等级：_____ 上年度施工产值：_____ 在册人数：_____

安全生产条件单项评价			安全生产业绩单项评价	
序号	评 分 分 项	实得分 （满分 100 分）	单项评分实得分 （满分 100 分）	
①	安全生产管理制度			
②	资质、机构与人员管理			
③	安全技术管理			
④	设备与设施管理			
单项评分实得分 ①×0.3+②×0.2+③×0.3+④×0.2				
分项评分表中的实得分为零 的评分项目数（个）			分项评分表中的 实得分为零的评 分项目数（个）	
单项评价等级			单项评价等级	
安全生产能力 综合评价等级				
评价意见：				
评价负责人 （签名）		评价人员 （签名）		
企业负责人 （签名）		企业签章		

年　　月　　日

本标准用词说明

1　为便于在执行本标准条文时区别对待，对要求严格程度不同的用词说明如下：

1）表示很严格，非这样做不可的：

正面词采用"必须"，反面词采用"严禁"；

2）表示严格，在正常情况下均应这样做的：

正面词采用"应"，反面词采用"不应"或"不得"；

3）表示允许稍有选择，在条件许可时首先应这样做的：

正面词采用"宜"，反面词采用"不宜"；

表示有选择，在一定条件下可以这样做的，采用"可"。

2　条文中指明应按其他有关标准执行的写法为"应符合……的规定"或"应按……执行"。

中华人民共和国行业标准

施工企业安全生产评价标准

JGJ/T 77—2003

条 文 说 明

前　言

　　《施工企业安全生产评价标准》JGJ/T 77—2003 经建设部 2003 年 10 月 24 日以建设部第 188 号公告批准，业已发布。

　　为便于广大设计、施工、科研、学校等单位有关人员在使用本标准时能正确理解和执行条文规定，《施工企业安全生产评价标准》编制组按章、节、条顺序编制了本标准的条文说明，供使用者参考。在使用中如发现本条文说明有不妥之处，请将意见函寄建设部工程质量安全监督与行业发展司（地址：北京市三里河路 9 号；邮政编码：100835）。

目　　次

1 总 则

1.0.1 制定本标准的目的。

1.0.2 规定了本标准的用途和适用范围，是对施工企业安全生产的基本要求。根据需要，对施工企业进行安全生产条件和业绩的单项评价或安全生产能力的综合评价，如：企业自我评价、企业上级主管对企业进行评价、政府行政主管部门对企业进行评价等，随市场经济的发展，可能业主也需要对企业进行评价。

1.0.3 说明了本标准的编制依据。

1.0.4 说明本标准与相关标准的关系。

3 评价内容

3.0.1 说明了对施工企业安全生产评价内容分两个层面，第一层面为安全生产条件和业绩两个并列单项评价，第二层面为两个单项综合起来组成安全生产能力综合评价。

3.0.4 说明了施工企业安全生产条件、安全生产业绩及安全生产能力综合评价结果，均可采用本标准附录 C 的《施工企业安全生产评价汇总表》来记录。

4 评分方法

4.0.1 施工企业安全生产条件单项评分的评分原则。第 3 款是针对评分项目中出现缺项的情况而定的，如：当对专业分包企业进行评分时，表 A.0.2 中的"3"评分项目即为缺项。第 4 款各分项评分表的权数，是参照了国际先进的安全管理理念，同时结合对企业、政府监督管理机构的调研，并对调研信息进行统计分析的基础上确定的，以强调制度和方案策划，突出事先控制，预防为主。

4.0.2 施工企业安全生产业绩单项评分的评分原则，对于同一种评分项目，可能会出现重复得到奖励或处罚的，第 4 款强调不得重复加分或扣分。

5 评 价 等 级

5.0.1 规定了本标准的评价等级划分原则,依据施工企业安全生产条件、安全生产业绩各分项评分表的评分结果进行汇总,确定了施工企业安全生产评价等级,不论是安全生产条件、安全生产业绩单项评价,还是安全生产能力评价结果,本着帮助和鼓励大多数企业积极进取的目的,在合格和不合格之间,设立基本合格的等级。

5.0.2 依据施工企业安全生产条件各分项评分表的评分量化结果,在经过汇总后,安全生产条件单项评价等级划分的原则是:合格和基本合格的一项共同标准为单项评价各分项评分表中无实得分数为零的评分项目,因为无论哪一项为零分,对企业的安全生产都是致命的。

评分表中的条款,多数是企业满足安全生产条件的基本条件,必须做到,但从我们调研的情况看,全国各地管理水平存在一定的差距,因此评价等级为合格的分数定位为 75 分,而不是 80 分或更高分。受此分的限制,合格和基本合格之间的分数差距也仅有 5 分余地。

合格标准为加权平均汇总后单项评分实得分数要保证为 75 分及以上,而各分项评分表均不小于 70 分,这样既明确了单项评分实得分数数值,又限制了各评分分项之间的得分差距,以确保各评分分项均能保持一定水准。

如果出现不满足基本合格的条件任意一项,说明施工企业在安全生产的条件上存在较大的缺陷,不能保证安全生产,故应评为不合格。

5.0.3 根据施工企业安全生产业绩分项评分表的评分进行的量化结果,是安全生产业绩单项评价等级划分的原则。

其中，基本合格的标准允许单项评价分项评分表中有一项实得分数为零的评分项目，主要是考虑对于一些大型施工企业，年产值数亿元以上，工程规模大，施工难度高，即使管理水平高，也难免有意外和偶然，因此，从科学评价的角度和以人为本的管理理念出发，制定此条标准，但前提条件是：如果因安全事故造成死亡人数累计超过 3 人，或造成直接经济损失累计 30 万元以上，则评价等级为不合格。

5.0.4 表明了企业安全生产能力评价的原则。考虑到施工企业安全生产条件评价相对是静态的，安全生产业绩评价是动态的，两者相对独立，条件是业绩的基础，业绩是条件的具体表现，故不考虑其评价权数，不采用量化评价，而是在施工企业安全生产条件和安全生产业绩单项评价结果的基础上，进行逻辑判断，确定评价结果。

附录 A　施工企业安全生产条件评分

表 A.0.1　《安全生产管理制度分项评分》主要是对施工企业的安全管理工作进行评价。根据《中华人民共和国安全生产法》提出的安全生产保障、安全生产的监督管理、事故的应急救援和调查处理要求，在本分项评分表中分为安全生产责任制度、安全生产资金保障制度、安全教育培训制度、安全检查制度、生产安全事故报告处理制度 5 个评分项目。企业应建立以上的各项管理制度，并针对各企业的实际情况进一步充实。本分项评分表中，安全生产责任制度的制定和有效落实为重点。

表 A.0.2　《资质、机构与人员管理分项评分》主要是评价企业在安全生产管理过程中的资质管理以及对企业中人员的管理。主要分为企业资质和从业人员资格、安全生产管理机构、分包单位资质和人员资格管理、供应单位管理 4 个评分项目。企业的资质应与其所承发包的生产经营行为相符。对企业的分包或安全设施所需的材料（如脚手板）、设备（如整体提升脚手等）及防护用品（如：安全帽）的供应单位，企业应对其资质、人员以及生产经历、信誉、生产管理能力等方面有具体的控制要求。

按照《中华人民共和国安全生产法》等法规要求，企业应配置适合企业需要的安全生产管理机构和足够的专职安全管理人员，负责企业的日常安全生产工作的开展。

表 A.0.3　《安全技术管理分项评分》分为危险源控制、施工组织设计（方案）、专项安全技术方案、安全技术交底、安全技术标准规范和操作规程、安全设备和工艺的选用 6 个评分项目。

各施工企业应根据《职业健康安全管理体系规范》GB/T 28001—2001 要求，根据承包工程的类型、特征、规模及自身管理水平等情况，辨识出危险源，列明清单，并对危险源进行——

评价，将其中导致事故发生的可能性较大并且事故发生会造成严重后果的危险源定义为重大危险源。不同的施工企业应有不同的重大危险源，同一个企业随承包工程性质的改变，或管理水平的变化，也会引起重大危险源的数量和内容的改变，因此企业对重大危险源的识别应及时更新，同时制定相应应急预案。

企业应有对施工组织设计（方案）、专项方案的审核审批制度以及安全技术交底有关规定。技术部门应配有现行有效的安全技术标准规范和操作规程。在确定安全技术方案时，禁止选用国家明令淘汰的设备和工艺，鼓励企业在具备条件的基础上，如掌握、了解新设备、新工艺的性能，对使用、操作人员进行相关培训等，选用国家推荐的新设备、新材料。

表 A.0.4 《设备与设施管理分项评分》主要为设备安全管理、大型设备装拆安全控制、安全设施和防护管理、特种设备管理、安全检查测试工具管理 5 个评分项目。涉及到企业层面如何对设备、特种设备的安装、验收、检测、使用、保养、维修、改造和报废等管理工作进行控制。企业对施工现场危险源和防护设施的警示标识按照国家标准安全色、安全标志规定设置。

大型设备指龙门架或井字架、各类塔式起重机、履带起重机、汽车（轮胎式）起重机、施工升降机、土方工程机械、桩机工程机械等。特种设备指锅炉及压力容器等。

附录 B 施工企业安全生产业绩评分

表 B.0.1 《安全生产业绩单项评分》主要为生产安全事故控制、安全生产奖罚、项目施工安全检查、安全生产管理体系推行4部分。对于发生重大生产安全事故，如安全事故累计死亡人数2人或瞒报重大事故情节恶劣的，该评分项目不得分，更严重的，则安全生产业绩单项评价不合格。鼓励企业在日常生产经营活动中抓好安全、文明长效管理，鼓励施工企业实行安全生产体系管理，建立安全生产管理保证体系并推行到各个施工现场。

附录 C 施工企业安全生产评价汇总表

《施工企业安全生产评价汇总表》是对安全生产条件单项评分的分项评分表（表 A.0.1～表 A.0.4）和安全生产业绩单项评分表（表 B.0.1）的结果汇总，分别确定施工企业安全生产条件、安全生产业绩，安全生产能力综合评价的等级，反映施工企业的安全生产的基本情况。

附录二　本书引用的相关标准及规定

《特别重大事故调查程序暂行规定》国务院令第 34 号

《企业职工伤亡事故报告和处理规定》国务院令第 75 号

《特种设备安全监察条例》国务院令第 373 号

《建设工程安全生产管理条例》国务院令第 393 号

《安全生产许可证条例》国务院令第 397 号

《工程重大事故报告和调查程序规定》建设部令第 3 号

《关于印发〈建设职工伤亡事故报告统计问题解答〉的通知》建设部建建安〔1994〕第 04 号

《建筑安全生产监督管理规定》建设部令第 13 号

《建筑业企业资质管理规定》建设部令第 87 号

《关于印发〈建筑业企业资质等级标准〉的通知》建设部建建〔2001〕第 82 号

《关于建设行业生产操作人员实行职业资格证书制度有关问题的通知》建人教〔2002〕第 73 号

《建筑施工企业项目经理资质管理办法》建设部建建〔1995〕第 1 号

《建筑业企业职工安全培训教育暂行规定》建教〔1997〕第 83 号

《特种作业人员安全技术培训考核管理办法》国家经济贸易委员会令第 13 号

《施工现场安全防护用具及机械设备使用监督管理规定》的通知　建建〔1998〕第 164 号

关于印发《塔式起重机拆装管理暂行规定》的通知　建设部建建〔1997〕第 86 号